防灾避险丛书

暴风雪

赵鹏飞 李吉奎 编著

南京出版传媒集团
南京出版社

图书在版编目（CIP）数据

暴风雪 / 赵鹏飞，李吉奎编著． — 南京：南京出版社，2016.5

（防灾避险丛书）

ISBN 978-7-5533-1112-8

Ⅰ．①暴… Ⅱ．①赵… ②李… Ⅲ．①暴风雪—灾害防治—青少年读物②暴风雪—自救互救—青少年读物 Ⅳ．①P425.5-49

中国版本图书馆 CIP 数据核字（2015）第 266361 号

丛 书 名：防灾避险丛书
书　　名：暴风雪
作　　者：赵鹏飞　李吉奎
出版发行：南京出版传媒集团
　　　　　南 京 出 版 社
社　　址：南京市太平门街 53 号　　邮　　编：210016
网　　址：http://www.njcbs.cn　　电子信箱：njcbs1988@163.com
天猫 1 店：https://njcbcmjtts.tmall.com
天猫 2 店：https://nanjingchubanshets.tmall.com
联系电话：025-83283893、83283864（营销）　025-83112257（编务）

出 版 人：朱同芳
出 品 人：卢海鸣
责任编辑：杨传兵
装帧设计：睿通文化
责任印制：杨福彬

印　　刷：唐山新苑印务有限公司
开　　本：787 毫米 ×1092 毫米　1/16
印　　张：10
字　　数：150 千字
版　　次：2016 年 5 月第 1 版
印　　次：2018 年 9 月第 3 次印刷
书　　号：ISBN 978-7-5533-1112-8
定　　价：29.80 元

天猫 1 店　天猫 2 店

营销分类：科普　防灾

前 言

千百年来，美丽的雪让人心醉。每年冬天，如期而至的大雪给大地换上美丽的银装，给庄稼穿上厚厚的棉衣。雪，让世界变得更加美丽，也给人们带来了丰收的希望。但是，持续降雪引发的暴风雪，则给人们带来了灾难。

对于个人来说，暴风雪灾害可能影响到我们的日常生活，威胁我们的生命财产安全。据统计，迄今为止，全世界每年都有人死于登山、滑雪的旅途之中；还有一些生活在城镇、乡村的人，突然被一场暴风雪或者雪崩夺走了生命。

因此，作为新世纪的青少年，我们有必要了解一些暴风雪等冰雪灾害的基本知识，懂得如何在暴风雪时保护自己，学会快速处理灾害中受到的伤害，并且及时为身边遇灾的人提供帮助。这样，当你走到茫茫雪山脚下领略它的魅力和风采时，你的心中也能有一份自信，能够轻松地判断出雪灾是否会发生，或者在雪灾突发时镇定地自救、互救。

出于这些目的，我们用心编撰了本书，致力于将复杂的天气、气象知识，用最朴素的语言表达出来，让每一个青少年都能读懂、学会。相信在看完本书后，你一定会成为一个对抗暴风雪、抵御冰雪灾害的小专家。

目录 CONTENTS

第一章

暴风雪是怎么发生的

暴风雪，一直是人们闻之色变却又不可避免的自然灾害。虽然我们无法阻挡暴风雪的来临，但聪明的人类却摸索出了一系列方法来抵御暴风雪，尽力将它的破坏力降到最低。

因此，如果我们不希望暴风雪给自己带来伤害，那么就要了解暴风雪的形成原理、条件和过程，了解如何在暴风雪来临时避免遭受危害，如何在危难之时自救。

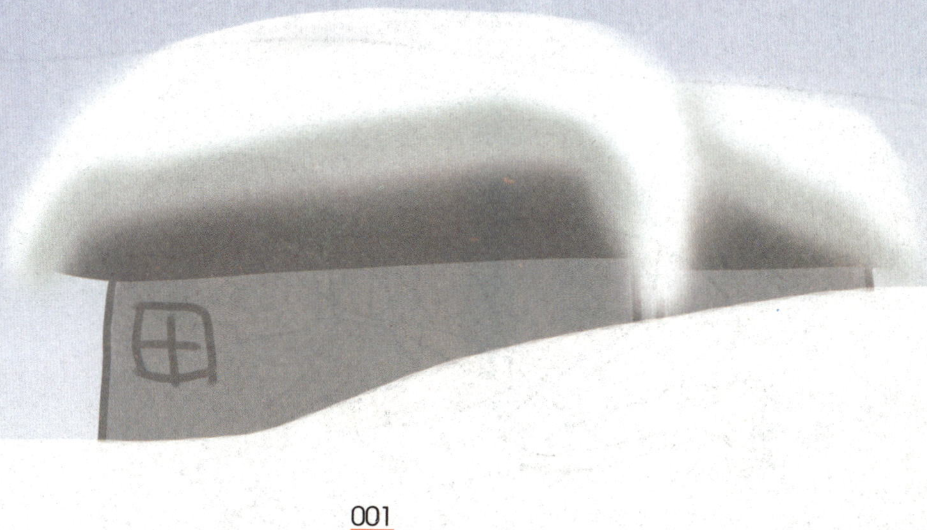

（一）暴风雪

雪，是一种常见的自然现象。在地球上，每年都会有很多地方飘起雪花。雪花洁白、优雅，将很多城市装点成银白色，很多多雪的国家被称为“雪国”。

我们都知道，雪是水在低气温下的一种凝结形式。对于人类来说，大多数雪是无害的，甚至还有很多积极作用。首先，降雪有利于净化空气，因而我们常常在一场大雪之后觉得空气清新、神清气爽；其次，降雪化成水之后，相当于进行了一场水利灌溉，会给农作物的生长带来好处；再次，雪也被人类当作一种风景，还被很多地方加以改造利用，打造了一系列有观赏意义的景点，创造了经济价值。可以说，大多数情况下的降雪，对人类是有益无害的。

当然，这大多数之外还存在一小部分例外情况。当雪量过大、温度过低，并且伴有一定时速的风时，就会形成暴风雪。大量的雪被强风卷起，就很容易成为人们生活、出行的障碍，甚至带来一些毁灭性的灾害。

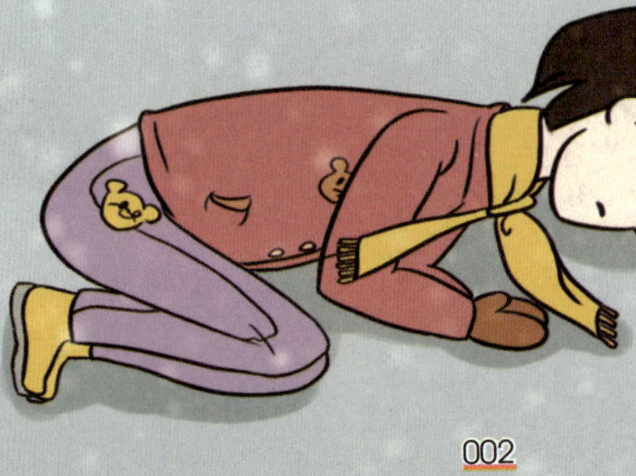

暴风雪来临时，不仅室外的能见度大大降低，导致人们出行不便，容易发生交通事故，还会产生一系列的破坏，比如摧毁农田、房屋，甚至给人们带来生命威胁。

2000年新年前夜，本来应该是人们在家中享受温暖和欢乐的时刻，我国北部的内蒙古自治区，却经历了半个世纪以来最严重的暴风雪。这场暴风雪在一些地区持续了3天。一个小女孩从校车下来时，正赶上暴风雪来袭，她无法分辨方向，迷失在漫天大雪中。当气温降到−50℃时，她被冻死了。事后据统计，那一次有39人惨遭同样的厄运。

可见，雪虽然可爱，暴风雪却是可怕至极。

1.什么是暴风雪

到底什么是暴风雪？看名字我们就能知道，暴风雪的形成必须要有“风”和“雪”两个要素。

首先，我们来认识暴雪。暴雪是指24小时内降雪量超过10毫米的降雪。

一般来说，暴雪并不会独自发生，还常常伴随大风、寒潮①等恶劣天气。

暴风雪的专业定义认为，当风速达到每小时56千米，温度下降到−5℃以下时，暴风雪就形成了。

①寒潮：指冬半年来自极地或寒带的寒冷空气，像潮水一样大规模地向中低纬度的侵袭活动。

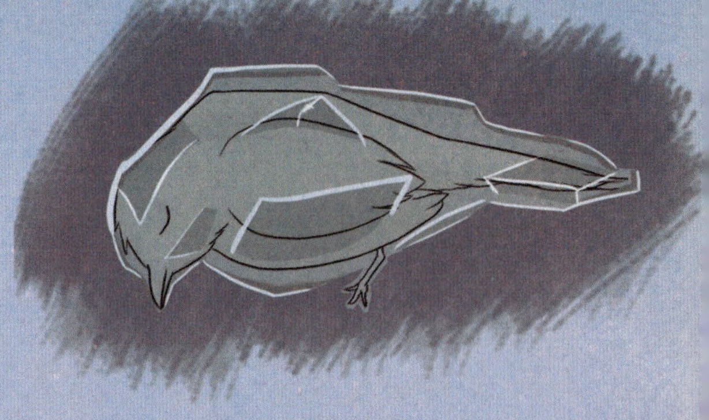

2.暴风雪为什么有那么大的杀伤力

也许有人会说，暴风雪听起来并不那么可怕，-5℃的天气虽然寒冷，但并不算是酷寒，人体还是可以忍受的。

实际上，暴风雪来临时，人们的体感温度绝不仅是-5℃。降暴雪时，空气的湿度非常大，湿空气会进一步加大风寒天人畜的热损耗；另外，落在地上的雪融化过程中也需要消耗大量的热量。因此，暴风雪天气下，人的体感温度比单纯风寒天气要低，有可能达到-35℃，甚至更低。在如此寒冷的情况下，人畜如果没有提前做好防寒准备，很有可能会被冻伤、冻死。

我国有很多地区处于中高纬度，冬季比较漫长，一旦出现暴雪，并伴有强寒潮、大风天气，将会对工农业生产、畜牧业、交通运输业和人民生活产生不可预估的恶劣影响。因此，做好暴风雪的防御措施尤为重要。

3.暴风雪的发生需要什么条件

暴雪、大风、强降温是暴风雪产生的三个必要条件，同时也是暴风雪灾害的主要原因。从风力和温度的角度来说，通常风力会在8级或以上；温度骤降，降幅在10℃或以上。当风力和温度同时发生这样的变化，并且配合暴雪时，就会形成一场令人恐惧的暴风雪。

风和温度的因素相对来说容易预测和判断，那么我国的暴雪是在什么情况下发生的呢？这就需要分析一下影响我国气候的几大冷空气团。

影响我国气候的冷空气主要有以下几种：一种是从西伯利亚方向过来的冷空气团，它带来的影响是大风降温，降水相对比较少；还有一种是从西路过来的冷空气团，比如从冰岛经过欧洲地中海自西向东过来的冷空气，它带来的影响是大范围的降雪过程，再与黄淮、江淮、江南北部一带的暖湿气流结合，很容易出现大的暴雪天气。

总而言之，只要有充分的水汽和暖湿气流，以及比较明显的冷空气，就很容易出现大到暴雪的天气。

需要指出的是，单纯的暴雪带给人的影响远不如暴风雪。暴风雪发生时，大风、暴雪、寒潮三种灾害同时肆虐，才使暴风雪天气造成的危害特别严重。

虽然严重的暴风雪天气常常会在短时间内给人畜带来灭顶之灾，但实践证明，只要能提前数小时预知暴风雪的到来，并且采取一些适当的防御措施，就可以大大减少损失。

4.暴风雪会发生在哪些季节

春季暴风雪

春季，多雪区往往积雪厚重，天气还很寒冷，因此发生暴风雪的概率是比较高的。一般来说，3月至5月中旬发生的暴风雪，叫作春季暴风雪。

发生在我国的春季暴风雪并非少数。2007年3月3日至5日，受强冷空气和温带气旋的共同影响，中国北方地区出现了强烈的雨雪天气。其中，大连和丹东地区普降暴雨，其他地区降中到暴雪。据统计，在48小时内，北方地区大部分省市的平均积雪深度达到20毫米以上，辽宁中北部的积雪深度为20~45毫米，局部背风地带积雪深度为60~100毫米。东北

地区东部和南部的暴风雪情况尤为严重，是自1951年有气象记录以来历史同期最强的暴风雪天气。在这几日内，天气状况非常恶劣——气温骤降、风雪交加、能见度非常差，使得农牧业、交通、工业都遭受了极为严重的影响。

3月份，对于其他一些刚进入春季的北半球国家来说，同样可能会遭遇暴风雪。

1993年3月12日一早，墨西哥湾出现了一小块低气压带，这导致了暴风雪的产生。当天下午和晚上，中心气压持

续下降，一场猛烈的暴风雪呼之欲出。到了第二天早上，路易斯安那海岸南部地区，风暴[①]肆虐，雨、雪夹杂着冰雹，袭击了美国南部大部分地区。接着，暴风雪、龙卷风相继袭来，

①风暴：特指伴有强风和强降水的天气。

同时还有洪水侵袭了佛罗里达州。风暴不断加强，并向北运行。13日晚，风暴到达切萨皮克湾，并逐渐蔓延整个美国大西洋沿岸。此时空中一片灰暗，能见度极低。这场暴风雪一直持续到14日方才减弱、结束。在这场暴风雪肆虐之下，美国东部1/3的地区受灾，交通中断、机场关闭、人身财产安全受损，总计损失几十亿美元，高达1亿人口受到严重影响，其中270人在这场灾难中丧生。

可见，虽然我们常说“阳春三月”，天气开始转暖，但在很多北半球国家和地区，3月仍然是严寒之月，人们很有可能遭受酷寒甚至暴风雪的侵袭。因此，即使过完冬季，防寒、防暴风雪的工作依然不可放松。

冬季暴风雪

一般说来，10月至次年2月发生的暴风雪，通称为冬季暴风雪。

2008年1月10日，中国南部和中部遭遇了一场严重的暴风雪、冻雨灾害。这场灾害覆盖了中国南部和中部的20个省市和地区。其中，河南、湖北、安徽、江苏、湖南和江西西北部、浙江北部出现了大到暴雪；湖南、贵州、安徽南部和江西等地出现了冻雨或冰冻天气。这次灾害范围广、强度大、持续时间长、灾害影响严重，是中国近50年来最严重的冰雪冻雨灾害，部分地区甚至遭受百年一遇这样的大灾，属历史罕见。这场持续的雨雪冰冻天气，给灾区带来了巨大的影响，特别是对交通运输、能源供应、电力传输、通信设备、农业及人民群众生活造成了非常严重的影响。据民政部统计，此次受灾人口达1亿多人，直接经济损失高达1 000多亿元。

美国也是冬季暴风雪多发的国家。2014年1月，暴风雪席卷了美国中西部到东北部大部地区，并带来强风、暴雪和剧烈降温天气，影响范围波及22个州1亿居民。受恶劣天气影响，全美出现大面积航班取消和延误，多条高速公路关闭，纽约、波士顿等地公立学校停课，至少11人因天气原因遇难。

冬季暴风雪往往突如其来，让人措手不及。在多次经历灾难之后，我们更应该对冬季暴风雪做好预防工作，以最大限度地减少它给我们带来的危害。

5. 风吹雪是怎么回事

我国北方的冬、春季即使在晴朗的日子里也经常出现狂风刮起地面千堆雪的场景：在白雪皑皑的原野或崇山峻岭之间，一股挟带着大量雪粒的气流，贴地而行，随风飘逸，变幻莫测。这种挟带着大量雪粒的气流，被称为风吹雪。简单来说，风吹雪就是风把雪吹起来，吹到另一个地方去。

风吹雪的发生主要是天气气候、地形地势等因素综合影响的结果。

风吹雪并不像雪崩、暴风雪那样本身具有非常大的杀伤力。但是，这并不代表风吹雪带来的危害就可以忽略，风吹雪不仅影响交通，也常常给人们带来致命的危险。当遇到不熟悉的地形时，对于雪的深浅程度，我们难以判断出来，如果有人不小心掉到了深雪里面，就很难逃生。

雪被吹到空中会阻碍人们的视线。风吹雪发生的时候，能见度往往很低，这对于行驶在公路、铁路上的司机来说会是一个非常大的麻烦。司机无法看清道路，常常使得车辆开出道路外，或者撞到行人、其他车辆，酿成交通事故。

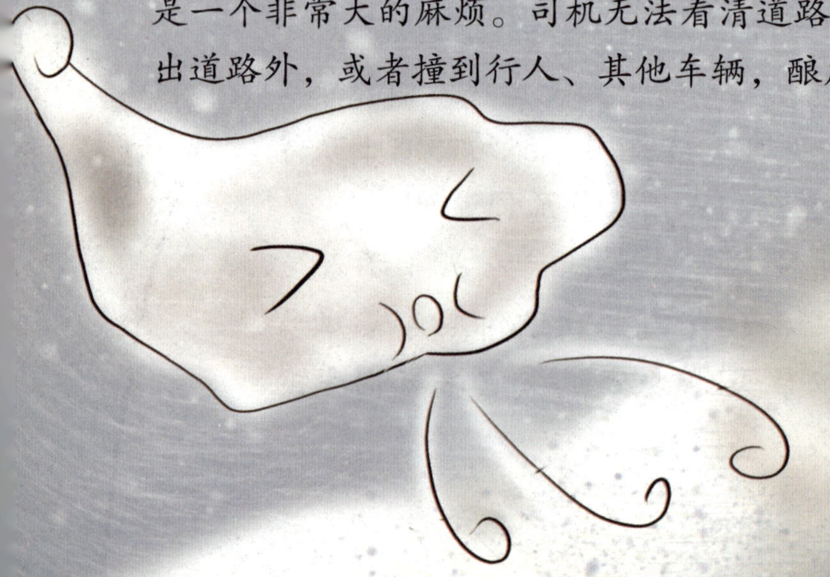

风吹雪停止后，往往会有大量积雪堆积在道路上，形成雪包和雪垄，轻则造成交通堵塞，重则切断交通线路、引起交通事故。一般来说，只要雪堆高度超过30厘米，汽车就无法通行。而一次一般强度的风吹雪，往往能使路面上堆积起1米多高的雪堆，这对交通运输和人身安全来说都是相当大的威胁。

风吹雪的危害还表现在它产生的阻力上。如果司机逆风而行，会减缓车辆前进的速度，浪费燃料。

比较潮湿的风吹雪往往还会在通信线路和输电线路上结成一条条冰凌，可能会把电线扯断，造成通信和输电中断。

可见，风吹雪虽然不会直接给人们带来毁灭性的伤害，但它对交通的影响“花样繁多”，必须引起人们的重视。

当然，风吹雪并非只有坏处。对于农民来说，风吹雪有时也会“做点好事”。比如，风将雪吹到干旱的地方，积雪融化，对于农业灌溉自然是有益处的；自然坡地上的积雪通过风吹雪，被搬运到梯田和洼地里，有利于土壤的保墒①；风将积雪吹倒田野里，形成一层保温层，能保护农作物安全过冬。

总之，对于农业来说，风吹雪还是有一定好处的。但这一点好处并不能掩盖它对人们造成的麻烦。如果我们不希望自己的出行被风吹雪破坏，就一定要关注有关风吹雪的预报，并做好防护工作，或者尽量避免在风吹雪天气出行。

①保墒（shāng）：保持田地里土壤的湿度。

（二）雪崩

在一些气候比较寒冷、海拔比较高的山上可能会常年积雪，而积雪并不一定会安分地待在雪山上，可能发生结冰、滑落等现象。其中，一种令人闻之色变的灾害就是雪崩。

看过雪山、雪原的人，都会被它的美丽、壮观所折服。因此，每年都会有很多人到雪山上攀岩，到雪原滑雪，感受雪给人们带来的惊喜和神奇。然而，雪并非我们看到的那么平静。据统计，每年都有成百上千的人遇到过可怕的雪崩——平稳光洁的雪突然开始移动、咆哮。相关资料显示，全球平均每年都会有约150人死于雪崩。

那么，是什么导致洁白可爱的雪，会发如此大的“脾气”呢?

在人们的印象中，雪一旦降落，在融化或被人们踩踏和清扫之前，它会安安静静地躺在地上，除了慢慢堆积之外，不会产生任何变化。实际上，看似安静的雪，内部在进行着悄无声息的改变。

如果雪是在白天降落下来，那么即使天气很寒冷，只要有阳光的照射，依然可以将外层的雪融化掉。到了晚上，看似没了外力作用的雪也在悄悄发生着变化，尤其是积雪很深的地方，其底层变化尤为明显。比如，最初降落的雪花，有一部分冰晶升华了，产生的水蒸气就会立刻结冰，形成更大的冰晶。上面的雪层也是这样。白色的冰晶本身比较稠密，和最初的降雪结构比起来还是疏松一些，比较容易化冻。这会导致什么结果呢?积雪会变得非常不稳定，从而容易出现滑落的现象，严重时甚至会发生雪崩。

1.雪崩是怎么发生的

雪崩，是指山坡积雪内部的内聚力抗拒不了它所受到的重力作用而向下滑动，引起大量雪体坍塌的自然现象。雪崩也叫“雪塌方”“雪流沙”或“推山雪”。从这些名字我们就可以想象得到，雪崩是一件非常恐怖的事情，大量的雪（甚至夹杂着冰）从高山上快速滑落，将沿途所有的人、动物都卷入漩涡中。可想而知，遭遇雪崩的人或动物最终的命运将会如何悲惨。

2007年5月2日下午1点15分左右，迪庆藏族自治州德钦县梅里雪山雨崩村至神瀑山路上，突发严重雪崩，坍塌的积雪淹没了正在山路上徒步探险的10余名游客。事故造成1人死亡，2人重伤，6人不同程度受伤。

雪崩是怎样开始的

在什么情况下会发生雪崩呢？因为重力原因，所有积压在山上的雪都有移动的可能。但并不是所有在山坡上的雪都会掉下来，只有几个因素共同作用，导致雪受到的重力大于它和山坡的摩擦力时，积雪才会向下滑落。

首先，造成雪崩的原因主要还是山坡积雪太厚。这是一个很简单的道理，雪堆得越厚，它所受到的重力就越大，当这种重力超过雪和山坡之间的摩擦力时，积雪就有了向下滑落的趋势。当然，重力超过摩擦力越多，雪滑落得越多、越快。

其次，我们前面讲过，雪无论落到地上还是山上，都会发生一种变化，那就是下层的积雪会慢慢结成一种六角形晶体，也可以叫作“白霜”。这种白霜的形成，使得下层的雪比上部的松散得多，支撑上部雪的能力也弱很多，从而导致上层的积雪很容易滑落下来。这些白霜还会在地面或下部积雪与上层积雪之间形成一个软弱带，当上部积雪开始顺山坡向下滑动的时候，这个软弱带会起到润滑的作用，不仅加速雪下滑的速度，还会带动周围没有滑动的积雪一起向下滑。所以说这种“雪下加霜”，比“雪上加霜”还要残酷。

再次，一些其他偶然的因素，比如爬山等休闲活动、动物在山坡上奔跑、地震等因素的影响，还有滚落的石块、刮风，都有可能使积雪受到的压力超过雪粒凝结成团的内聚力，引发一场灾难性的雪崩。

可见，雪崩虽然可怕，但它的发生并不是没来由的。我们要想防止雪崩带来的伤害，就要在了解雪崩发生原因的前提下，有针对性地做出一些有效的预防措施。

雪崩时雪滑落的速度有多快

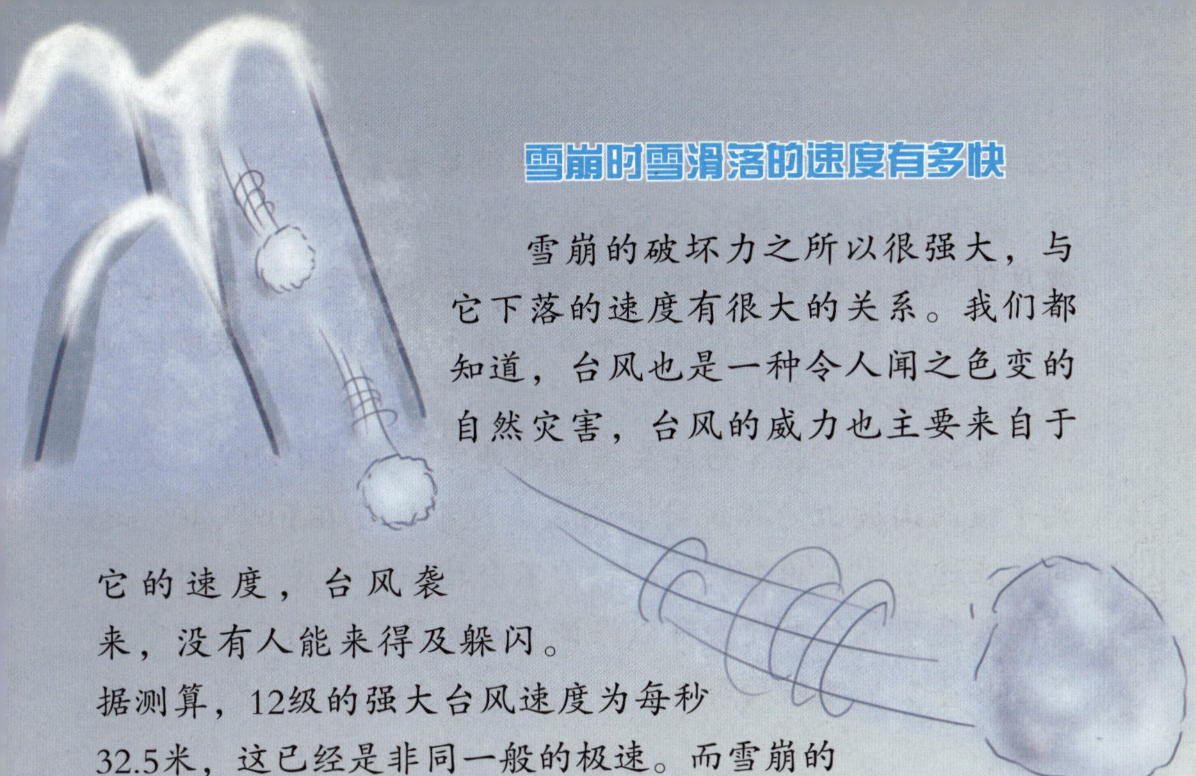

雪崩的破坏力之所以很强大，与它下落的速度有很大的关系。我们都知道，台风也是一种令人闻之色变的自然灾害，台风的威力也主要来自于它的速度，台风袭来，没有人能来得及躲闪。据测算，12级的强大台风速度为每秒32.5米，这已经是非同一般的极速。而雪崩的平均速度，却能够达到每秒97米！而世界上跑得最快的动物猎豹，其速度仅为每秒30.5米。显而易见，当雪崩突然来临的时候，没有人和动物能够逃脱它的“魔爪”。这正是雪崩的骇人之处。

雪崩的冲击力有多大

更加严重的是，当物体从上空掉落下来时，产生的压力非常大，这是加速度产生的效应。所以，雪崩发生时，高速运动的雪，会产生无比强大的冲击力，遭到其打击的人或动物会受到相当大的伤害。并且，运动速度越快的雪崩，其冲击力越大，有时候，它的冲击力能达到每平方米40~50吨的力量。这样大的冲击力，相信没有人或动物能够承受。

什么样的山坡更容易发生雪崩

雪崩更容易发生在哪里的山坡上呢？根据常识，我们可以知道，在比较陡的山坡上，雪是很难大量储存的，所以陡坡、接近山顶处，都是不容易发生雪崩的地方。另外，山坡坡度很平缓，或者是接近于平地的地方，积雪虽然很容易储存，但它的稳定性比较高，不容易滑下来，所以在坡缓的地方也不容易发生雪崩。

也就是说，最容易发生雪崩的地方，是既不太陡、又不太平缓的山坡上。据统计和测定，这个坡度在30° ~40° 之间。在这个坡度的山坡上，积雪不会堆积得过厚；同时，这样的坡度又不会太陡，可以保证雪层的稳定。而且，这个坡度也具备发生雪崩的条件，当外部环境改变时，最容易发生雪崩。

另外还需要说明的是，在山脚的平地上，或者坡度比较平缓的地方，也并不是没有发生雪崩的可能。虽然这些地方通常是稳定的，但是从高处降落的雪崩有可能将它摧毁。所以，平坦地区只有在上面的山坡没有积雪的情况下才是安全的。

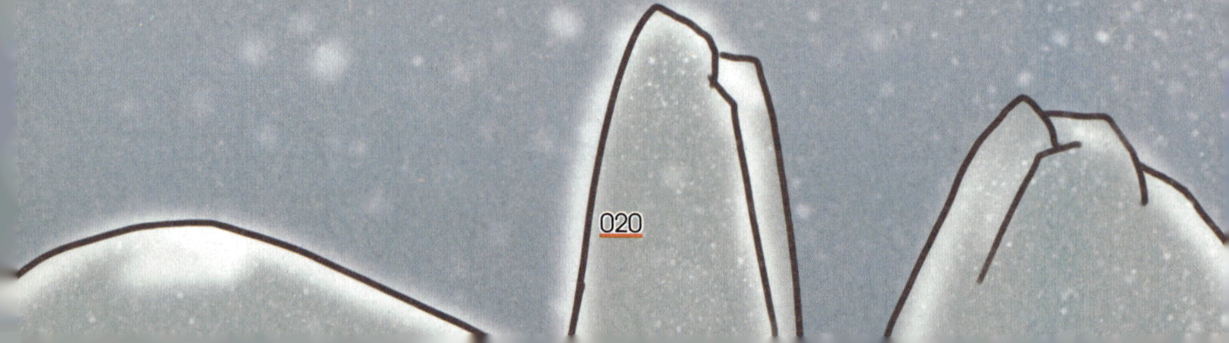

2.雪崩是怎么分类的

雪崩就是积雪大量、快速从山坡上滑落，给下面的物体带来毁灭性的灾害。而实际上，如果仔细分析，雪崩绝不仅仅如此简单，它发生的地区、原因、方式，都有很多值得我们探究的地方。从不同角度了解雪崩的不同分类，对于我们预防雪崩灾害有非常重要的作用。

按雪崩灾害的发生地分类

根据雪崩发生地分类，是最为简单、明确的一种分类方法。具体来说，分为道路沿线雪崩灾害、滑雪地区雪崩灾害、偏僻地区雪崩灾害和居民地区雪崩灾害。

道路沿线雪崩灾害　如果一些道路离雪山很近，那么道路沿线就有可能发生雪崩。这类雪崩会破坏公路、铁路，造成交通堵塞、瘫痪，还会造成人员伤亡、车辆损毁，从而带来巨大的经济损失。例如，1876年，法国阿尔卑斯山的夏英嘎丁附近，就有一条叫作查尼兹的道路遭到雪崩的掩埋，造成了严重的经济损失和人员伤亡。

滑雪地区雪崩灾害 有些雪山本身和所处地区景色优美，因此被开发为滑雪景区，每年接待游客游玩。不过，即使是进行了人为的改造，人们依然无法阻止雪崩的发生。

一般在这类地区发生雪崩的原因，主要有以下几种。第一，滑雪的游客为了追求刺激，可能会擅自到未经压实的雪坡滑雪，导致疏松的雪滑落，引起雪崩。第二，有些游客觉得普通的滑雪高度满足不了自己的需求，于是就到限制地区——坡度更陡、难度更大的山坡进行滑雪。然而这些地方通常是没有防护措施的，因此危险系数非常高，甚至可能引发雪崩。第三，工作人员如果不按照规定的程序来处理积雪，也可能引起雪崩。比如，如果需要释放山坡上不稳定的

积雪，最好的应对措施是采用爆破的方法，但有些工作人员为了省事，直接采用滑雪的方法来处理，这就有可能引起雪崩的发生。

滑雪地区发生雪崩，首先遭遇危害的是游客和工作人员。另外，雪崩还会破坏景区的设施，如旅馆、餐厅、停车场等，给景区带来巨大的人员伤亡和经济损失。

偏僻地区雪崩灾害 这里说的偏僻地区，指的是没有常设雪崩营救组织的地区。

如果在偏僻地区遭遇雪崩，立刻呼叫身边没被掩埋的人对自己进行营救是脱险的关键。如果寄希望于远处的营救队，那么当营救人员赶来时，被掩埋的人员大多很难营救成功。

居民地区雪崩灾害 有些国家和地区出于某些需要，在一些山麓道路沿线建造了房屋，甚至逐渐形成了村落、县城。这就意味着，一旦发生雪崩，这些居民所在地就会成为灾区。

在日本和一些欧洲国家，这样的情况越来越多，很多私人别墅、高级宾馆和村庄，都曾遭遇雪崩的侵害。有些地方不但有居民，还有厂房。比如，1955年，加拿大不列颠哥伦比亚省的基提马特发生了雪崩，砸断了一座铝厂的动力线，冶炼车间因为停电不能生产，致使整个厂区停工整整九天，最终耗费了数百万美元才恢复了电力供应，并修建了新的防雪工程。

受灾地区不同，所需要做好的防御工作也不一样。了解这些受灾地区的各自特点，有助于建立更有效的防护体系，在充分利用山区资源的同时，又能将雪崩的灾害降到最低。

按干湿雪崩分类

雪崩从形式上分为干雪崩和湿雪崩。它们的形成和发生有不同的地貌和气候条件。

干雪崩　干雪崩发生时，雪的空隙中没有太多水分，结冰情况也很少，而是存在大量的空气。因此，这种雪崩看起来就像流动的“雪粉”一样，所以也被称为“粉雪崩”。

干雪崩的速度极快，它们从高山上飞腾而下，转眼就能将一切吞没。由于干雪崩的重量比较轻，因此在强大的冲击力作用下，它甚至能在冲下山坡后再冲上对面的高坡，形成的杀伤力极为强大。

干雪崩虽然可怕，不过相对于湿雪崩来说，它对于探险者的生命威胁还要算小的了。

湿雪崩 湿雪崩也叫块雪崩，一般发生于一场降雪以后的数天左右。

不论是在冬天还是春天，大雪过后，温度会持续上升，而原有的冰雪，因其密度小，新下的雪难以吸附其上，就会慢慢向下倾泻，产生湿雪崩。湿雪崩发生时，滑落的雪都是块状的，因此速度比较慢。但由于湿雪块重量大、质地密，并且能够在滚落的过程中黏合途中的雪层，变得越来越大，所以它的破坏力就格外强大。

湿雪崩的形成区通常在坡度稍缓的雪坡上。湿雪崩发生时，雪块还会沿途带起树木和岩石，产生更大的雪砾。当湿雪块停下时就会立刻凝固，一旦有人卷入块状的雪崩之中就相当危险了。

干雪崩和湿雪崩的表现形式、危险程度不同，这也告诉人们，靠近雪山时，如果发现有发生雪崩、特别是湿雪崩的趋向，那么就一定不要怀着侥幸心理进入雪山。

按雪崩形成时段分类

人们以自18世纪以来的1 000起雪崩资料为依据，对这些

雪崩进行了短期和长期发育分类。

短期发育雪崩　这类雪崩主要和当时的气候有关，其孕育时段较为短暂，基本上产生于降雪和暴风雪期间或其后不久的时间里。这类雪崩比较容易预防，只要在气温低、有降雪的时段里回避，就能躲过雪崩。

长期发育雪崩　这类雪崩的形成与当时的气象条件并没有直接关系，其形成在于雪的强度受到持续降温、升温、雪内过程的变化。一段时期内的积雪增加，只能作为这种雪崩的一个因素，而并不是决定因素。这类雪崩一般孕育时段较长，有时甚至要占用整个冬季。

相对于短期发育雪崩来说，长期发育雪崩几乎没有规律可循，不容易预测与预防。所以，我们在进入雪山时就要格外小心，防止这类雪崩的突然袭击。

按各地区雪崩危险程度等级分类

在不同的地区，由于气候、地形等因素的不同，雪崩

的危险程度也有所差异。在确定某地区雪崩危险程度时，要考虑山坡坡度、地形轮廓及其规模、土地利用特征、风和太阳辐射状况、防护措施状况、当地雪崩频率和雪崩特征等因素，给该地区的雪崩危险程度定性。

雪崩的发生会受到多种因素的影响，但这些因素最后都会作用于积雪稳定程度，来最终决定雪崩的危险程度。所以，衡量雪崩危险程度的主要指标就是积雪稳定程度。

根据山坡积雪稳定程度，以及山坡与沟谷雪崩状况的影响，可以将雪崩危险程度分为四个等级：轻度危险、中度危险、高度危险和极度危险。

在雪崩危险程度等级分类的基础上，我们可以据此对各个地区进行雪崩危险程度分类。

雪崩轻度危险地区　归为此类的地区，几乎不存在雪崩危险。由于山坡条件，或者当地的建筑设施被自然障碍物或者人工治理措施保护完好，因此雪崩在这些地区产生的可能

性基本没有。

雪崩中度危险地区　这类地区的雪崩危险程度很小，雪崩不经常发生。不过，具有危险性规模的雪崩偶尔也会发生在这里，尤其是在不利因素影响的情况下，平时很少产生大规模雪崩的和缓山坡，也可能发生大规模雪崩。这里虽然也有自然障碍物和人工治理措施的双重保护，理论上能够抵御雪崩带来的危害，但在强大雪崩的冲击下，这些设施也会遭到破坏，使得区域内的人身和财产安全受到伤害。

雪崩高度危险地区　这类地区具有相当大的雪崩危险程度，雪崩发生的频率比较高，危险性规模的雪崩在这里频繁出现，偶尔还会出现非常严重的雪崩灾害。几乎可以断定的是，每当有强降雪出现，这里比较陡峭的山坡就会产生危险性雪崩，并且滞后作用雪崩在这种山坡的产生频率也比中度危险地区更为频繁。

雪崩极度危险地区　这类地区的雪崩危险程度非常大，除了频发雪崩之外，极为严重的雪崩在这里也并不罕见。并且这里还有治理难度大，发生雪崩之后救护、处理非常难的特点。

当然，随着气候的改变、人类活动的变化和预防措施的改进，雪崩危险程度地区的分类也会逐渐发生变化。也许因为气候和人类活动的影响，一些地区的危险程度会提高，但随着预防措施的改进，相信更多的地区会随着治理变成危险程度更低的地区，让人们受伤害的程度降到最低。

3.雪崩还会引起哪些次生灾害

雪崩之所以可怕，除了它本身可能带给人们的威胁之外，还在于它有可能引起气浪、山体滑坡、山崩和泥石流等次生灾害。

了解雪崩的人应该知道，其实在雪崩中，比雪崩本身更可怕的是雪崩形成的气浪。因为雪崩从高处以很大的势能向下运动，它会引起空气的剧烈振荡，形成一层气浪。雪流能驱赶它前面的气浪，而这种气浪的冲击比雪流本身的打击更加危险，因此有时雪崩未到而气浪已把前进路上的一切阻挡物冲得人仰马翻。更可怕的是，有时即使雪崩停止了，它所引起的气浪却不会停止。气浪可以翻山越岭，摧毁森林、房屋以及工程设施。如果不幸有车辆和行人遇到它，往往会车辆倾覆、人被气浪卷走或者窒息而死。

1970年，秘鲁境内的安第斯山脉的瓦斯卡兰山发生了一场大雪崩，雪崩体在不到3分钟时间里飞跑了14.5千米，速度接近于90米/秒，这次雪崩引起的气浪，把地面上的岩石的碎

屑席卷上天，竟然下了一阵“石雨”，将瓦斯卡兰山峰下的容加依城全部摧毁，受灾面积达23平方千米。这是迄今为止世界上最大最悲惨的雪崩灾祸。

另外，雪崩也有可能引起山体滑坡、山崩和泥石流等可怕的次生灾害。实际上，这些灾害的毁灭性还要高于雪崩。所以，一旦发生连锁反应，无疑将会是一场惊天动地的灾难。

4.雪崩灾害会带来哪些破坏和影响

虽然雪崩大多发生在人烟稀少的山地，但由于常常有人到雪山滑雪、参观雪景，加上雪山附近可能存在一些村庄和居民，所以雪崩灾害事件仍然层出不穷。

雪崩对人身安全的威胁

对于一些多雪、多山地、寒冷的国家来说，雪崩是常年威胁其人民和财产安全的“杀手”。

挪威和日本就是雪崩的高发国家，并且由于气候和文化等原因，这两个国家发生的雪崩常常会给人们带来较大的影响。

1679年，挪威发生雪崩，造成400~500人死亡；1755年，挪威发生的雪崩也造成200人死亡。

日本因雪崩而死亡的人数更令人触目惊心。1926~1981年间，日本共发生700起灾害性雪崩，共造成1 190人死亡，755人受伤。此外，多雪的年份也是日本雪崩频发的时段。比如，在1995~1996年的冬天，日本频繁下雪，有些地区的积雪竟然达到6米，在此期间，日本发生了多达77起雪崩事件。另外，还有一些地区属于雪崩的高发地区，当地的居民往往深受其害。例如，日本的新潟及其周边多县是雪崩常

“光顾”的地方，这里的积雪常常在4~5米深，导致这里成为日本雪崩事件的集中地。1918年，新潟发生的一起雪崩，使当地大部分村庄被摧毁，158人死亡。这次雪崩事件刷新了日本雪崩纪录，成为死亡人数最多的一次。1900~1989年之间，此地发生3 300起雪崩事件，造成2 300人死亡，平均每年就有26人死于雪崩，这些数字可谓骇人听闻。

雪崩对环境的破坏和造成的财产损失

除了对人类生命造成威胁之外，雪崩还会摧毁植被、建筑物、道路等。

比如，美国山区人口稀疏，经济不发达，雪崩对人、建筑群的威胁并不大，主要威胁当地的道路。在加拿大的西部地区，每年会发生数十万起破坏小型建筑的雪崩。瑞士阿尔卑斯山区人口稠密，经济发展迅速，然而却有30%的雪崩威胁各类设施……可见，雪崩对环境的破坏是不可忽视的。

雪崩还会给山区的开发带来巨大的困难。其主要表现是道路的修建和养护会受到严重影响，从而导致运输业遭遇厄运。一些雪崩多发的国家，如日本、加拿大等，政府每年都要拨出巨款，用于预防山区雪崩灾害所带来的损失，如用于设备、炸药、运输、培训和工资等财务支出。

总而言之，无论雪崩爆发是否频繁、发生地是否有人烟，它的杀伤力都足以引起我们足够的重视。否则，它将给我们带来无法估量、甚至无可挽回的巨大损失。

5.雪崩灾害有什么样的发展趋势

雪崩是一种自然灾害，与气候变化有着紧密的联系。可以说，气候的波动是引发雪崩的重要因素。而气候变化也受到人类活动的影响，所以，一个地区的雪崩发展趋势，是由气候、人类活动等各方面因素共同决定的。

我国因山区开发力度加大而遭受更大雪崩事故威胁

当然，每个地方的气候变化、人类活动不尽相同，相应的雪崩的变动也各不一样。拿我国来说，1949年以前在我国的西南、西北和东北山区，由于山区的开发还没有大规模启动，交通不畅通，进山和居住在山区的人并不多，所以遭受雪崩灾害的人不多。中华人民共和国成立以后，雪崩的受灾对象和受灾程度都有了一定的变化，特别是改革开放以来，由于扩大了山地的利用范围，增加了许多在山区内进行的行业，如厂矿、企业的设置（以林业、畜牧、采矿为主），而进入山区游览和居住的人也多了起来。因此，雪崩灾害一旦发生，就会造成比以前更大的损失。比如，在1961~1989年间，天山地区就发生了数起雪崩事件，造成了49人死亡。1994~1995两年内，雪崩造成3人受伤，20人死亡。1996年，一场雪崩发生于天山西部巩乃

斯沟，导致当地一个六口之家全部遇难。屡屡发生的灾难，说明了我国在加大山区开发力度的同时，也承受着更多、破坏性更大的雪崩事故。

美国雪崩造成的灾难大幅增加

从19世纪末期开始，美国雪崩造成的灾难越来越严重，或者说雪崩给人们带来的受灾率越来越高。这主要与美国当时的人类活动有关。

1860~1910年，美国掀起了淘金热潮，大批采金者在这一时段涌进落基山区，使得雪崩灾害给这些采金者和运输者带来了严重的影响。随着淘金热的散去，进入山区的人越来越少，雪崩造成的灾害才有所缓解。后来因为纵贯东西的公路和铁路建设有了较为迅速的发展，人们受雪崩之害的情况又日渐加深。据资料显示，在第二次世界大战后，冬季运动开始蓬勃发展，临近雪山的地方大量兴建别墅、疗养机构等，甚至有许多的城镇也在雪山周围建立起来，使得冬季进山的人数急剧增加。与此同时，受灾人数也在大幅度上升。

雪崩受灾对象在不断发生改变

很多国家和地区的雪崩发展趋势都有这样一个特点：受灾对象随着社会的发展而改变。

以冰岛为例，19世纪中叶之前，冰岛几乎全是由农村人口组成的。从1880年起，其东部、西部和北部狭窄而深邃的峡湾地区，出现了很多渔村，这里的居民几乎都以打鱼为生。但是，这里有很大一部分地区处于雪崩易发地段。因此，这里的雪崩受灾对象，就由以前少数的农民，发展到大量的渔民。

又如，日本在20世纪50年代初期之后，雪崩的受灾对象也发生着变化。在这之前，日本雪崩危害的主要交通载体是铁路，但由于铁路沿线可能发生雪崩的地段得到了有力的治理，在20世纪60年代以后，受灾的主要对象变成了公路，当然还有公路上的车辆和行人。

无论雪崩朝着怎样的趋势发展，都有迹可循，它与人类活动有着密不可分的关系。了解其发展趋势及其原因，就能帮助我们更好地预防雪崩带来的灾难。

第二章

历史上发生过哪些大雪灾

每次雪灾的来临，都会给我们带来难以忘却的伤痛：它或是“掠夺”我们的财产，或是损伤我们的健康，甚至夺走一些人的生命。雪灾的发生，永远都是人们心中的痛。让我们来回顾一下，历史上都发生过哪些令人难忘的雪灾。

1.1888年的美国冬天

对于美国人来说，1888年的冬天绝对是历史上最难熬、最糟糕的一次。这一年的冬天时暖时冷。冬季刚来临时，温暖的天气一直持续到了圣诞节。1月，冷空气突然横扫落基山脉，寒流侵袭了蒙大拿州、北达科他州、南达科他州和明尼苏达州。1月1日至13日，大风夹杂着暴雪和严寒，使人们经受了有史以来最严峻的暴风雨考验。之后，虽然天气趋于平静，但是，严寒依然笼罩着接下来的整个冬季。

更糟糕的还不止于此。3月11~13日，暴风雪袭击了从切萨皮克海湾到缅因州的东部地区，当地的温度迅速降到了-18℃。接着，大风又来凑热闹，这场狂风使温度骤降到-37℃。

据统计，这场暴风雪使得纽约州和新英格兰的东南部平均降雪达到了约1米，纽约市荷拉得广场的积雪更是达到了9米深。这次暴风雪对于交通的影响也十分严重，该地区所有的公路和铁路运输系统全部瘫痪。暴风雪导致400人丧生，其中200人死在纽约市。野生和家养动物受害尤为严重，成千上万只鸟被冻死在树上，大量牲畜因饥饿死亡，有些被活活冻死。

这一年的冬天，因为恶劣的天气，很多人的生活、工作深受影响，有些失去亲人的家庭更是遭遇沉重打击。因此，这一年会被美国人永远牢记在心中。

2.1970年秘鲁大雪崩

1970年秘鲁发生大雪崩，这次雪崩由于破坏力极大，被称为“20世纪十大自然灾害之一”。

秘鲁位于南美洲西部，是一个多山的国家，山地面积占全国总面积的一半。山体坡度较大，很多山上常年积雪，因此这里是雪崩经常“降临”的地方。

1970年5月31日，当地时间20点23分，秘鲁安第斯山脉的瓦斯卡兰山脚下的容加依城一片寂静，人们正在享受惬意的夜晚。突然，一阵雷鸣般的响声从空中传来，人们还没有反应过来，只觉得自己顷刻间仿佛置身于波涛汹涌的大海中，被剧烈摇晃着。有些人急急忙忙跑出屋来看，但他们刚出来，身后的房屋就倒了下来。而那些来不及逃出来的人，则被倒塌的房屋压在了下面。

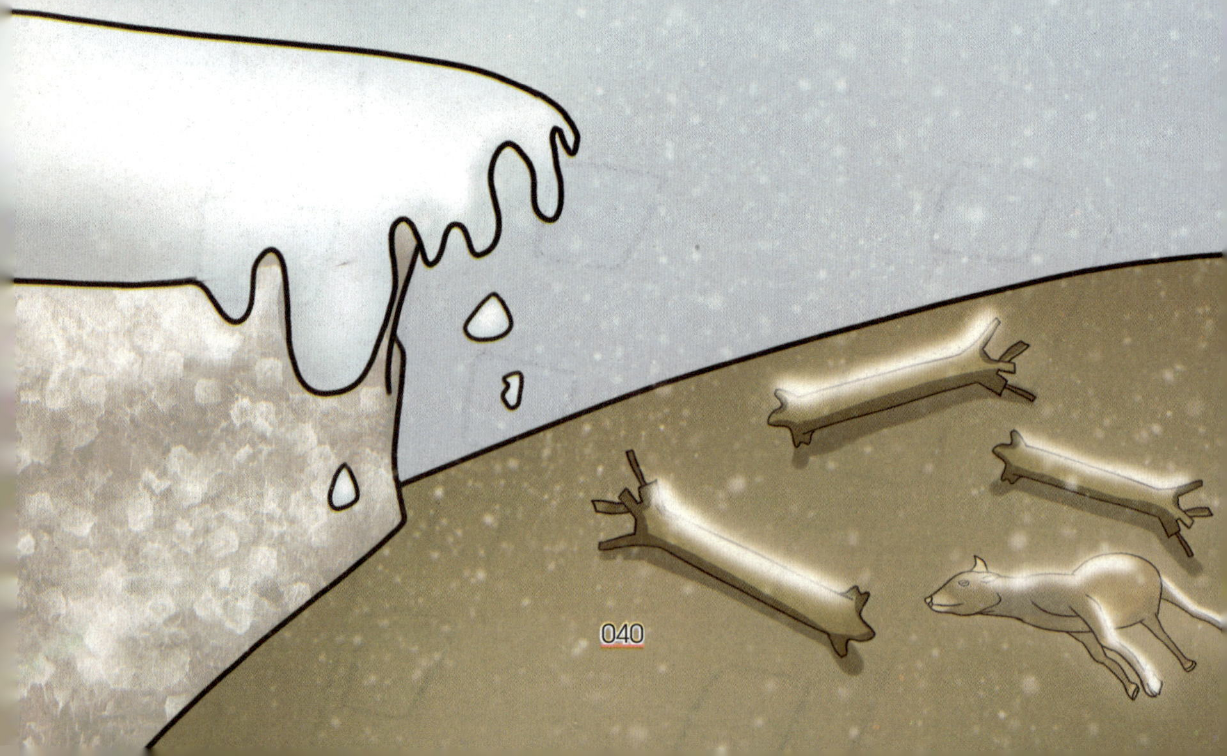

等人们定下神来的时候，从瓦斯卡兰山的方向大雪扑面而来。原来，前面的巨响和晃动是地震，而此时则是地震引发的雪崩爆发了。由于强烈的地震作用，瓦斯卡兰山峰上的岩石或者被震裂，或者被震松，或者被震碎。与此同时，那些常年坚硬如岩石的冰雪也被震得粉碎。在突如其来的变化中，山上的冰雪和碎石犹如山洪暴发后的瀑布一般，从悬崖峭壁上落下来，一泻千里，转瞬间便冲到了山下。

一阵狂风、暴雪的冲击之后，容加依城变成了废墟。而秘鲁中部的阳盖镇和潘拉赫城也受到了池鱼之灾，有近2/3的城镇在顷刻间被摧毁。

据灾后统计，在地震中死亡的人数约1.2万人，由地震引发的雪崩造成了2万多人死亡。另外地震还引发了泥石流，泥石流也造成了2万人死亡，合计共有5.2万人在这次灾难中被夺去了生命。经济损失更是高达5亿多美元。

这场骇人听闻的巨大雪崩灾害，让这一年秘鲁的冬天成了很多人心中难以愈合的伤痛。

3.1977年中国北方区域性寒潮

1977年10月24~29日，我国北方大部分地区骤降雨雪，华北、华东北部降了大暴雨（雪）。内蒙古普降暴雪，其中以锡林郭勒盟北部最大，降雪量达到58毫米。乌兰察布盟北部、赤峰市北部、哲里木盟（今内蒙古通辽市）北部及兴安盟、呼伦贝尔盟（今内蒙古呼伦贝尔市）牧区降雪量达到25~47毫米。这些地区的积雪厚度达到了16~33厘米，局部更是高达60~100厘米，为近40年之罕见。

这次雪灾造成的损失巨大。据不完全统计，锡林郭勒盟有300余万头牲畜死亡，占当地牲畜总数的2/3；乌兰察布盟也有多达56万头牲畜死亡，死亡率也超过了当地牲畜总数的1/10；赤峰市60万头牲畜处于半饥饿状态，10万头牲畜死亡，还有30万头牲畜无法出牧。除了暴雪灾害外，有些地方还下了冻雨，造成了很大的损失。例如，昭乌达盟（今内蒙古赤峰市）北部下的冻雨，导致电线严重结冰，个别地区邮电通信中断。

4.1978年美国东北部暴风雪

1978年的冬天，对于美国人民来说也是非常难过的，特别是在美国东部和中西部。这一年的1月25日~26日，暴风雪袭击了俄亥俄州、密歇根州、威斯康星州、印第安纳州、伊利诺伊州和肯塔基州。当时，局部地区的温度骤降，甚至达到了−45℃，导致100多人死亡，经济损失高达数百万美元。

2月5日~7日，这场暴风雪从大西洋海岸向北进发，速度为每小时177千米的狂风，把海浪推到了5.5米高，美国罗德岛州和马萨诸塞州均出现了1.27米的降雪。另外，纽约州的降雪也达到了45厘米，波士顿和普罗维登斯降雪则达到了61厘米。暴风雪给马萨诸塞州带来了约5亿美元的经济损失，纽约州和新泽西州的损失也高达9 400万美元。根据美国红十字会统计，这次暴风雪导致99人死亡，4 500人受伤。

5.1996年美国暴风雪

1996年，美国东部各州遭受了近70年间最严重的暴风雪袭击。从1月6日开始，大雪连降4天，恶劣的天气波及了亚拉巴马州、印第安纳州、肯塔基州、马里兰州、马萨诸塞州、新泽西州、纽约州、北卡罗来纳州、俄亥俄州、宾夕法尼亚州、罗德岛州、弗吉尼亚州、华盛顿州和西弗吉尼亚州。受灾地区非常广大，其中，肯塔基州、马里兰州、新泽西州、纽约州、宾夕法尼亚州、弗吉尼亚州和西弗吉尼亚州被迫宣布进入紧急状态。

产生这次暴风雪的主要原因是降雪量过大。当时风速仅为每小时40~56千米，照理说不会引起严重的后果。但由于降雪量巨大，最终导致了23人丧生、伤者无数，道路堵塞，机场关闭。纽约市的学校自1978年以来第一次关闭，亚拉巴马州的学校也因为交通问题不得不暂时闭校。整个纽约邮政系统于1月9日关闭，联合国大厦也因为员工无法到达而暂时关闭。

到了1月12日，降雪量增大，很多房顶因不堪重负而倒塌。例如，纽约州马萨皮卡的一个超市屋顶倒塌，导致超市里10人受伤。又如，宾夕法尼亚州的博克斯县，一名妇女和她的女儿在马棚中喂马时，被掉下来的椽子砸中，母女俩都倒地身亡。由于这时已算晚冬，天气略微转暖，有时也会下雨，雨和积雪混在一起，使屋顶倒塌的概率大大增加。所以，暴雪给很多不结实的屋顶带来致命的打击。

这一年，共有9个州被宣布为灾区。这一次的暴风雪造成的经济损失达5.85亿美元。

6.1996年席卷欧洲的暴风雪

1995~1996年的冬天，欧洲出现了严寒天气。1995年12月末，很多地区气温骤降，英国不少地区出现了暴风雪天气，并一直延伸到东部的哈萨克斯坦和孟加拉。

1996年1月，英国很多地区遭遇了暴风雪。到2月初，英国大部分地区都被大雪和狂风所控制，更为糟糕的是，很多地区都出现了冻雾天气。

恶劣天气的来临，使得很多地方不得不停工、停学。位于坎布里亚郡的核工厂被迫关闭，大约1 000多人被困在工厂内长达两天两夜的时间。位于苏格兰西南部的达姆弗利和格洛威宣布进入紧急状态，因为当地公路上有数百人被困在了汽车里。更严重的是，位于英格兰和苏格兰之间的公路发生了堵塞，共有1 000多人被困在车里长达22个小时。另外，还有一辆货车在该地区被大雪所困，最后只好派直升机将工作人员和乘客救走。

这次灾难刚刚平息不久，暴风雪再次来袭。3月12日，苏格兰和英格兰因暴风雪陷入瘫痪状态。苏格兰滑雪场被迫关闭，北海油田的工人也饱受其苦。狂风速度高达每小时160千米，救援直升机甚至无法起飞。

7.1999年阿尔卑斯山大雪崩

奥地利的加尔蒂村是阿尔卑斯山上备受欢迎的滑雪游乐场。1999年，这个美丽的小村庄不幸被阿尔卑斯山大雪崩袭击，造成了巨大的人员伤亡和经济损失。

1999年1月底，强降雪接连4天袭击了加尔蒂地区。从1月29日到2月4日，气温回升，积雪开始融化，在加尔蒂高处的雪帽上形成了一个脆弱的雪层。原本这场雪看起来并不会给人们造成多么大的麻烦，但到了2月5日，气温却突然下降。接下来的19天，奥地利的阿尔卑斯山区再次下起了大雪。不仅如此，一场时速为120千米的飓风进一步推波助澜，在加尔蒂地区的高山上堆起了厚厚的积雪。

到了2月23日，下面的脆弱雪层支撑着总量惊人的积雪，眼看就不堪重负了。大约在下午4点钟的时候，一个重达17万吨、相当于428架满负荷的大型喷气式客机的雪块从高山上剥离下来，向下快速滚落。目标正好朝向加尔蒂村。于是，一场空前的雪崩袭击了这个村庄。雪块从山上疾冲而下。后来据专家测算，在滚动过程中，它的总重量增加了2万吨，最高速度达到了每小时417千米。

仅仅不到三分钟，一场声势浩大的雪崩就停止了。也正是这短短三分钟，整个加尔蒂村化为了一片废墟，56人被埋在数吨重的冰雪下面。据统计，这次雪崩造成31人丧生，更多的人受伤，这个美丽山区的中心地带变成了一堆瓦砾。

这场雪崩给所有国家敲响了警钟，各国开始纷纷建立起雪崩预警系统，并且在山区尤其是景区，建立了更加安全的防护措施。

8.2007年辽宁省特大暴风雪

2007年3月，辽宁全省范围内遭遇了一场百年一遇的特大暴风雪和温带风暴潮灾害，给当地政府部门和人民都造成了不可挽回的损失。

3月4日，由于暖冬气温持续偏高，海洋上空的暖湿气流异常活跃，与南下的冷空气在辽宁省大部分地区上空相遇、共同作用，形成了历史上罕见的特大暴风雪和温带风暴潮。据测定，当时全省各地的风力平均达到6~7级，阵风高达8~9级，最大瞬时风速竟达到了12级，刷新了1951年以来的最大值。

降水方面，除了大连市和丹东市普降暴雨之外，辽宁省其他地区都下了暴雪。积雪深度普遍超过20厘米，其中沈阳、鞍山、抚顺、本溪、辽阳、锦州等地的积雪深度超过了30厘米。在大风的不断作用下，有的地方积雪深度竟然达到了1~2米高。

这次特大暴风雪和风暴潮，给辽宁全省带来了严重灾害，大部分城市道路交通瘫痪，供电、供水、供暖以及市场副食品供应出现危机，铁路和海上交通停运，民航机场关闭，农业、渔业受损严重，一些大企业被迫停产、半停产。据统计，此次灾害共造成辽宁全省90个县（市、区）、138.5万人受灾，紧急转移安置4万多人；因灾死亡14人，受伤400多人；倒塌房屋4 500多间；造成经济损失约109亿元。

9.2008年中国南方雪灾

2008年1月10日，中国发生大范围的低温、雨雪、冰冻等自然灾害。上海、浙江、江苏、安徽、江西、河南、湖北、湖南、广东、广西、重庆、四川、贵州、云南、陕西、甘肃、青海、宁夏、新疆等省（区、市）均不同程度受到低温、雨雪、冰冻灾害影响，其中湖南、湖北、贵州、广西、江西、安徽、四川7个省份受灾最为严重。

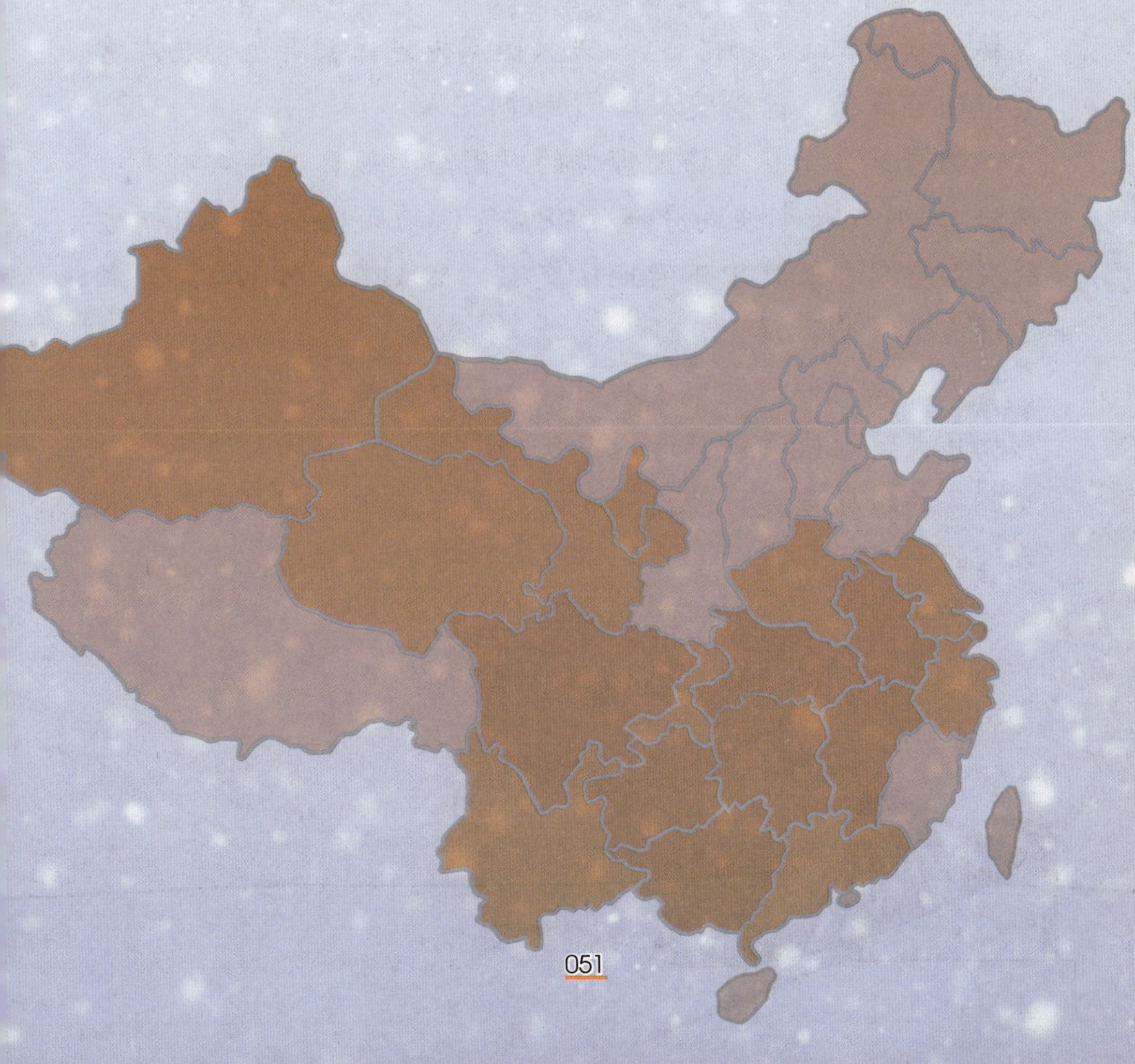

灾害发生时正值春运期间，大量旅客滞留在机场、火车站、港口。暴风雪还导致电力受损、煤炭运输受阻，不少地区通信和用电全部中断，供水和取暖也受到了不同程度的影响。一些受灾严重的地区，甚至面临断粮危险。

1月28日，中国西部的云南和青海亦有雪灾的报告，积雪覆盖面积达128.21万平方千米，安徽中部、江苏南部出现了30~45厘米的积雪。至2月24日，因灾死亡129人，失踪4人，紧急转移安置166万人；农作物受灾面积1.78亿亩，成灾面积8 764万亩，绝收面积2 536万亩；倒塌房屋48.5万间，损坏房屋168.6万间；因灾直接经济损失达1 516.5亿元人民币；森林受损面积近2.79亿亩，3万只国家重点保护野生动物在雪灾中冻死或冻伤；受灾人口已超过1亿人。

据专家分析，这场大雪灾的成因与大气环流异常有关：环流自1月起长期经向分布使冷空气活动频繁，与源自南方的暖湿空气在长江中下游地区交汇，形成强降水，最终酿成这次雪灾。

虽然政府部门做出了及时的抢险救灾工作，但因为雪灾影响巨大，人民的财产和人身安全还是受到了巨大的损失。2008年的这场雪灾，让这一年的春节成了所有人心中最令人难过的一个春节。

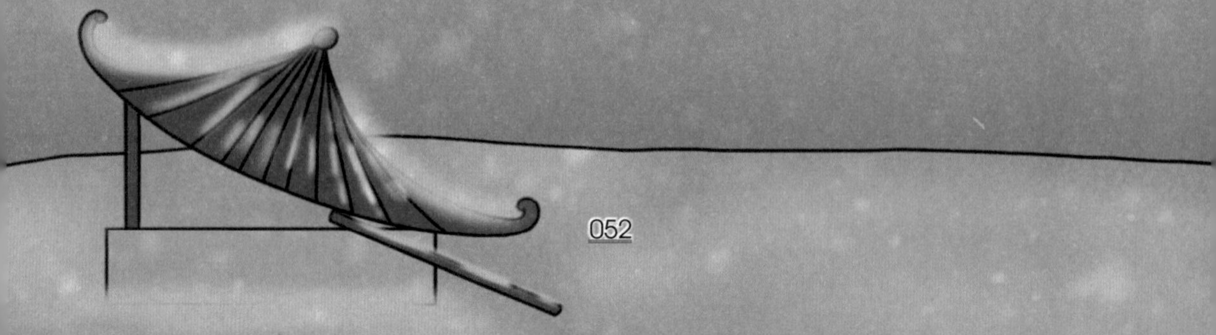

10.2013年孝感遭遇罕见雪灾

2013年2月18日夜至19日早上，我国湖北省孝感市普降中到大雪，伴有雷暴，共造成4.2万多人受灾，倒塌房屋179间，城区2万多株行道树“受伤”。

据气象部门报告，孝感城区降雨、降雪量最大，为21.5毫米，雪深5厘米。19日一大早，很多人醒来就看到，孝感市城区路两旁的行道树许多树枝被积雪压断倒地，一棵碗口粗、十几米长的大樟树斜倒在路面，占去近两股车道，造成交通堵塞。

大雪给农业生产造成严重影响，很多蔬菜大棚被压塌，造成很多正在成长期的蔬菜被压坏、压死。据初步统计，孝感市小麦、油菜、蔬菜等农作物受灾面积83万多亩，成灾面积18.5万亩，绝收面积2.32万亩；另有7万亩林地、苗圃受灾，受灾畜牧养殖户956户，倒塌圈舍面积1.57万平方米。

这次雪灾导致当地很多物资被损毁，当地人民的生活受到了严重影响。

11.2013年美国东北部雪灾

2013年2月8日，美国航空航天局发布气象图片，两个低压系统合并在美国东北部，大规模的冬季暴风雪将要降临。果然，不久后暴风雪袭击了美国的东北部地区，造成了9人死亡，数十万用户停电，交通大面积瘫痪。

至10日早上，美国东北部地区从雪灾中逐渐恢复，居民和工作人员继续清扫道路上的积雪，交通状况逐步改善。纽约拉瓜迪亚、肯尼迪等机场虽然仍有航班延误，但已恢复正常运营。

很显然，这次暴风雪是有预警的，但美国仍然未能完全避免人员伤亡，可见暴风雪的破坏力和可怕程度。这也提醒我们，收到暴风雪预警之后必须谨慎对待，认真做好防护措施，以求将灾害的损失降到最低。

第三章
暴风雪可以预防吗

不管是冬天还是春天，只要有暴风雪天气来临，就总会发生伤亡事件，甚至会有大规模的死伤。暴风雪带给人们的灾难无疑是巨大的。即便如此，暴风雪的灾害却是可以设法尽量避免的。据相关资料显示，在暴风雪中遇难的人有大约4/5的人死于室外和野外，其中有高达70%的人被困死在车内。这些令人触目惊心的死亡记录中，其实有很大一部分是可以避免的。

只要了解暴风雪的预报，以及做好预防暴风雪的工作，即使在最恶劣的天气状况下，依然可以避免遭受重大损失。所以，学习相关知识，是我们不可缺少的一个自保环节。

（一）暴风雪预测和预防

实践证明，只要能提前数小时预测暴风雪的到来，并采取一些适当的防御措施，就可以大大减少损失。所以，准确的暴风雪预报对防灾减灾具有重大意义。

1.如何预测暴风雪

长期以来，人们对未来的天气有了一些经验性的判断。

比如，当人们在傍晚看到朝霞满天时，通常就意味着第二天将是一个艳阳高照的好天气；而当人们看到一束束呈马尾状的卷云时，则意味着几个小时后会狂风大作。这些通过生产、生活积累出来的经验，有助于人们自行判断未来的天气状况，从而安

排自己的事情。

不过，一些复杂的天气状况，仅靠我们的肉眼和经验判断并不可靠，为了提前做好应对恶劣天气的准备，我们还应该通过更科学的方式做出更准确的天气预测。

准确的天气预测离不开硬件设施的建立。如今，全世界建立了数以万计的地面气象站，不断收集数据，以一定的时间间隔，将收集到的数据传输到预测中心。

有的气象站有气象气球，气象学家们把携带无线电探空仪的气象气球放出，让它们在大气层上部测量有关数据，并将数据用无线电发送给地面接收站。为了更好地控制气象气球，气象学家用雷达跟踪气球来测量不同高度的风向和速度。

用气象卫星来收集数据也是一个非常重要的途径。气象卫星可以自上而下观测到地球上的云层覆盖和地表面特征的图像，人们将这些图像称为卫星云图。利用卫星云图可以识别不同的天气系统，确定它们的位置，估计其强度和发展趋势，为天气分析和天气预报提供依据。

所有由气象站、气象气球和气象卫星等采集到的数据，都会被传输到天气预测中心，并输入超级计算机。计算机通过计算，会将详细数据显示出来，预测者通过这些数据和图象，就可以预测一个地区未来的天气状况。同理，暴风雪就是这样预测出来的。

相比之下，利用新技术测算出来的天气预测比肉眼观察要准确得多。所以，预测天气除了凭自己的经验推断之外，最重要的还是要听取气象台的意见。

2.天气预报预测的内容有哪些

很早以前，人们就通过经验或者相关天文知识预测天气了。直到今天，聪明的人类已经积攒了非常多的预测天气的方法。下面我们详细介绍天气预报的具体内容。

天气预报可以预测的时间和准确度

天气预报可以预测未来多长时间的天气状况呢？

一般来说，天气预报的准确性与预报时间密切相关。预报未来一两天的天气状况是比较准确的；而预报未来一两周的天气状况，只能预报未来的天气发展趋势，比如，天气预报某地未来一周有寒潮出现，就一定会出现降温，但是否会降雪，或哪些地区会降雪，就不会很准确。

因为随着天气系统的发展和移动，那些没有被注意到的、很小的气象差异会快速地扩大，导致两个同时出现的一模一样的天气系统，可能在几天后出现完全不同的走向。如果你了解“蝴蝶效应”的话，就会知道天气系统对其最初状况的微小差异非常敏感，一点点变化都有可能引起日后天气的风云突变。

由此可知，预测的时间越短，天气预报的结果就越可靠。

天气预报如何预测风、雨、雪

预测天气，往往风是最先预测出来的。这是因为，预测者在预测天气时，会从观察气压分布的信息开始。气压分布会显示出低压区和锋面，如果低压带周围的等压线比较紧密，说明存在陡峭的气压梯度，而陡峭的气压梯度又表明存在强风。因此能够最先预测出风，并且风速也可以通过地面气压计算出来。

根据气象台接收的数据和卫星云图，可以预测出低压带有多少云和降水量。

在预测出降水量后，可以进一步预测降水类型。降水类型主要看云的类型和云内部、云底部与地面之间的温度。如果云层较低部分的空气温度在4℃以下，降水就会以雪的形式发生。如果低压带周围的风在每小时56千米以上，就会形成暴风雪。这就是暴风雪的预测方法。

可见，天气预报对于未来天气的预测是十分严谨的，并且会经过多个步骤推测得出，其预测结果往往是比较准确的。所以，随时关注气象局发出的天气预报，是我们预防暴风雪非常关键的前提。

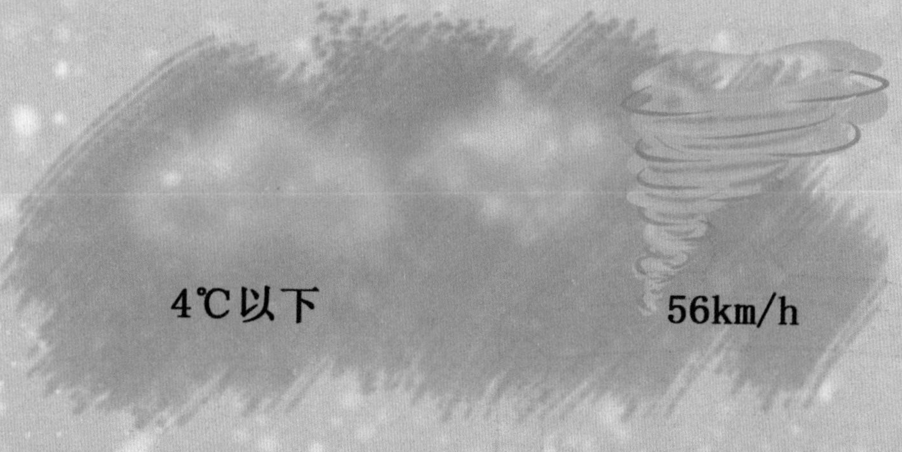

3.气象警报和暴雪的预警信号

每个气象局都有一套规定的预警系统，一旦预测出恶劣的天气现象即将到来，就会发出气象警报，让人们尽可能提前做好充分准备。

气象警报

在我国，气象警报主要通过电视和收音机传播给人们。气象警报能够使人们从心理上和防御措施上都做好较为充分的准备，将恶劣天气带来的危害降到最低。一般来说，冬春季节的气象预警被启用的次数比较多，常见的有霜冻警报、风暴警报和暴风雪警报等。

气象局发出霜冻警报，意味着某些地区的温度会降到冰点以下，给人们带来的主要是低气温的威胁。这时，人们应该检查家中的取暖设备是否正常，还要适当准备一些保暖衣

物。此外，如果家中的院子里有植物的话，可能遭遇伤害，应尽早采取保护措施。

相对于霜冻警报来说，风暴警报是比较严重的。风暴警报是对有关服务对象发出在规定地区内出现或预计出现10级以上大风的警告信息。

暴风雪警报是所有警报中最严重的。往往在警报发布后不久，就会出现降温、降雪、能见度小于1千米的天气现象。

收到气象局发布的暴风雪警报后，应及时做出躲避灾害的准备。

暴雪的预警信号

依据《中华人民共和国气象法》《国家突发公共事件总体应急预案》，暴雪预警信号分四级，分别以蓝色、黄色、橙色、红色表示。

（1）暴雪蓝色预警信号

标准：12小时内降雪量将达4毫米以上，或者已达4毫米以上且降雪持续，可能对交通或者农牧业有影响。

四级防御

防御指南：政府及有关部门按照职责做好防雪灾和防冻害准备工作；交通、铁路、电力、通信等部门应当进行道路、铁路、线路巡查维护，做好道路清扫和积雪融化工作；行人注意防寒防滑，驾驶人员小心驾驶，车辆应当采取防滑措施；农牧区和种养殖业要储备饲料，做好防雪灾和防冻害准备；加固棚架等易被雪压的临时搭建物。

（2）暴雪黄色预警信号

标准：12小时内降雪量将达6毫米以上，或者已达6毫米以上且降雪持续，可能对交通或者农牧业有影响。

防御指南：政府及相关部门按照职责落实防雪灾和防冻害措施；应当加强道路、铁路、线路巡查维护，交通、铁路、电力、通信等部门做好道路清扫和积雪融化工作；驾驶人员小心驾驶，行人注意防寒防滑，车辆应当采取防滑措施；农牧区和种养殖业要备足饲料，做好防雪灾和防冻害准备；加固棚架等易被雪压的临时搭建物。

三级防御

二级防御

（3）暴雪橙色预警信号

标准：6小时内降雪量将达10毫米以上，或者已达10毫米以上且降雪持续，可能或者已经对交通或者农牧业有较大影响。

防御指南：政府及相关部门按照职责做好防雪灾和防冻害的应急工作；交通、铁路、电力、通信等部门应当加强道路、铁路、线路巡查维护，做好道路清扫和积雪融化工作；减少不必要的户外活动；加固棚架等易被雪压的临时搭建物，将户外牲畜赶入棚圈喂养。

（4）暴雪红色预警信号

标准：6小时内降雪量将达15毫米以上，或者已达15毫米以上且降雪持续，可能或者已经对交通或者农牧业有较大影响。

紧急状况

防御指南：政府及相关部门按照职责做好防雪灾和防冻害的应急和抢险工作；必要时停课、停业（除特殊行业外）；必要时飞机暂停起降，火车暂停运行，高速公路暂时封闭；做好牧区等救灾救济工作。

4.暴风雪来临前应做的准备

如今在暴风雪来临之前，气象局基本能做出预警；有时通过对天气现象的观察，我们也能根据经验判断出是否有暴风雪发生的可能。因此，当降雪比较大、狂风不断卷来的时候，或者在明确听到气象局的暴风雪预警时，就应该提高警惕，做出相应的准备，以避免在暴风雪来临时受到伤害。

那么，应对暴风雪，我们应该做足哪些方面的准备呢？下面就一一详细列出。

通知亲属和邻居

出于种种原因，有些人并不能在第一时间得知暴风雪的预警，或者没有判断恶劣天气发生的经验。因此，在我们听到暴风雪预警之后，最先要做的事情，就是花几分钟快速打电话给自己的亲友、邻居，使他们都能提高警惕，做出应对，以免酿成不可挽回的损失。

水和食物一定要备足

暴风雪来临之前，维持生命的必备物品——水和食物是我们务必要准备好的。

暴风雪可能对输水线路造成破坏，因此要提前准备好充足的水。一般来说，一个人每天要饮用约2 000毫升的水，加上做一些简易饭菜的水，最好按每人每天4升的量储备饮用水。当然，也要在盆里、浴缸里准备一些用来洗澡、洗脸的水。

食物方面，最好准备一些不用烹饪、不用冰箱储存的食物，并且最好是高热量、能够补充体力的，比如巧克力、饼干、面包、干果等。这样，既不用担心断电后无法用冰箱储存食物，也不会因为做饭消耗大量的水而导致饮用水不够喝。

有的人觉得没必要这样大惊小怪，一场暴风雪几个小时、最多一天也就过去了，饿一天、渴一天也没事。但事实上，历史上有多次暴风雪的持续时长已经在一天以上，暴风雪带来交通堵塞、积雪高堆不化等问题，甚至能将人困在家中数天。所以，我们不要存有侥幸心理，一定要做好充足的准备，做到有备无患。

检查电线和电话线路

暴风雪可能会对电线造成破坏，甚至会完全切断电路。因此，在得到预警之后，保证电器尤其是手机电量充足是非常必要的。

首先，一定要将手机电量充满，以保证在暴风雪来临时能与外界保持联系，同时也要确认手机在信号通畅的状态下，不要关机。

为了避免因暴风雪而断电时手忙脚乱或失去资讯来源，还必须做出以下准备：准备好足够的电池，保证在断电时，收音机能持续工作，以方便收听天气资讯；准备一些耗电低、耐用的照明设备，如手电筒（能够使用电池的手电筒最佳）、小型发电器等；如果电池不充足，还可以使用火柴、蜡烛、煤油灯等进行照明，但一定要注意安全，严防引起火灾。

不要觉得你只要待在家里就很安全，不用手机和照明工具也可以。如果暴风雪非常剧烈，有房屋坍塌的可能，而通信工具和照明设备就成了获救的关键。所以，为了以防万一，这些都是必须准备的。

做好保暖方面的准备工作

暴风雪来临，预示着气温会大幅降低，至少会下降到零下几摄氏度、甚至几十摄氏度。所以，提前做好保暖措施，也是防止暴风雪灾害的必要环节。

为了保证顺利度过低温时期，除了要确保空调、电暖气等取暖设备的正常工作外，最好再准备好煤气罐和灶具，以防电力供应不足或者断电，备不时之需。

当然，及时准备好羽绒服、棉被等防寒用品也是非常必要的。如果有时间，还可以准备一些热水袋，装满热水，放在棉被里。棉被散热比较慢，这也是在短时间内给人体提供热量的一个方法。如果暴风雪持续时间比较长，热水袋里的热水凉了之后，还可以用来洗脸。

假如你生活在农村，还可以准备大量的炭、煤油或木头，在暴风雪来临时用来取暖。

总之，一定要想尽一切办法，准备好所有可以用来取暖的物品，以防冻伤、甚至冻死的灾害发生。

在准备足够的取暖材料的同时，还要注意检查所有使用燃料的装置是否能够正常运转，如壁炉、炉具及其他装置。使用燃料的地方一定要保证良好的通风，如果通风不畅，这些装置运转时，在空气中就会积聚一氧化碳，引起中毒。

另外一个很重要的注意事项就是防火。为了预防燃料起火造成伤害，我们需要准备一些有效的灭火设备。如果条件允许，最好准备灭火器，并将其调整为备用状态，放在方便拿到的地方。如果不方便准备灭火器，那么最简单的方法就是准备一桶沙子，发生火灾时，立刻将沙子盖在火源上，即可扑灭不太大的火。如果暴风雪来得十分突然，这些都不方便准备，那就要多准备一些水，以便在火灾发生的时候用来扑灭火种。但要切记，如果有电线或者是油类物质起火，一定不能往上面泼水。

准备好必需的药物

如果暴风雪来临之前，正好家中有病人，那么就一定要准备好药物，并且保证足够的药量，特别是对于一些急救药，如心脏病患者的药品等。

为了防止断电时不方便找药，最好提前将药物分门别类，装在形状不同的盒子里，并放在容易摸到的地方（有小孩的家庭要注意放在孩子接触不到的地方），以防黑暗中吃错药。

总之，即使发生暴风雪的时候你在暂时温暖、安全的家中，也不代表暴风雪不会威胁到你的人身安全。要知道，一场暴风雪可能产生多种预想不到的灾难。如果希望平安度过这段特殊时期，就一定要考虑周到，做好全面的准备。

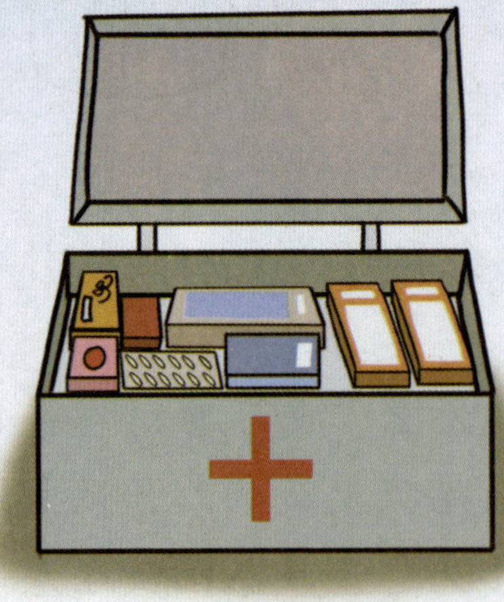

5.驾车外出前的准备工作

暴风雪来临前，当然是不适宜驾车外出的。强烈的暴风雪天气来袭时，在房屋里待着当然远比在室外的汽车里更安全。如果暴风雪来临前正巧驾车在外，要尽量赶回家，不宜在室外逗留。如果有迫不得已的事情无法赶回家，或者一定要驾车外出，那么就一定要采取一定的措施，将可能发生的危险降到最低。

检查好汽车状况

驾车外出前，务必检查汽车的安全状况和油量。

如果汽车有潜在的安全隐患，比如有关键配件损坏等，在没有完全修理好之前，一定不能驾车外出。必须要出去的话，可以选择其他出行方式，或者换一台车。

恶劣天气驾车外出，给车子加满油是必须要做的，防止用尽燃料后受到暴风雪更加猛烈的袭击。

计划行车线路和准备辨别方向的工具

出发前一定要计划好自己的行车路线，最好选择自己比较熟悉的路线，以及那些比较不容易堆积大量积雪的道路。如果可能的话，最好找人与你同行，尽量避免单独外出。实

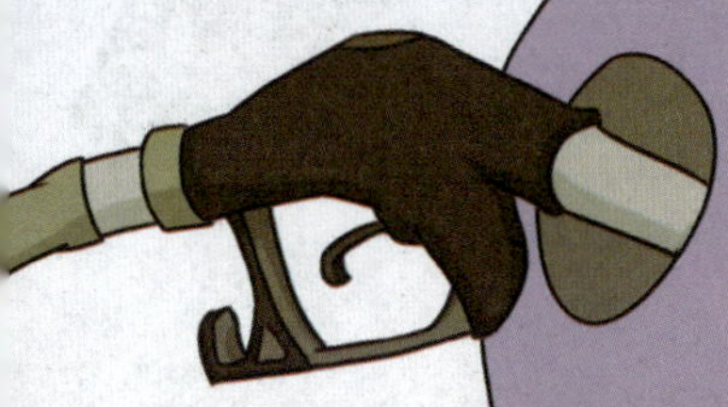

在不方便找人陪伴，也要将自己的目的地、计划行车路线、备用路线以及预计到达的时间等，告诉你的亲朋好友，必要时方便他们提供帮助。

同时，还要准备一些辅助工具，比如地图、指南针，可以在无法辨别方向时使用。需要注意的是，使用指南针的时候不能坐在车里，因为车内的电气系统会影响指南针的准确性。

准备适量饮食和必备物品

虽然平时驾车出行不需要准备太多食物和备用物品，但在特殊的天气出行，必须要有所准备。如果暴风雪异常强烈，导致交通拥堵、道路瘫痪，或者司机迷失方向，被困在某个地方不能及

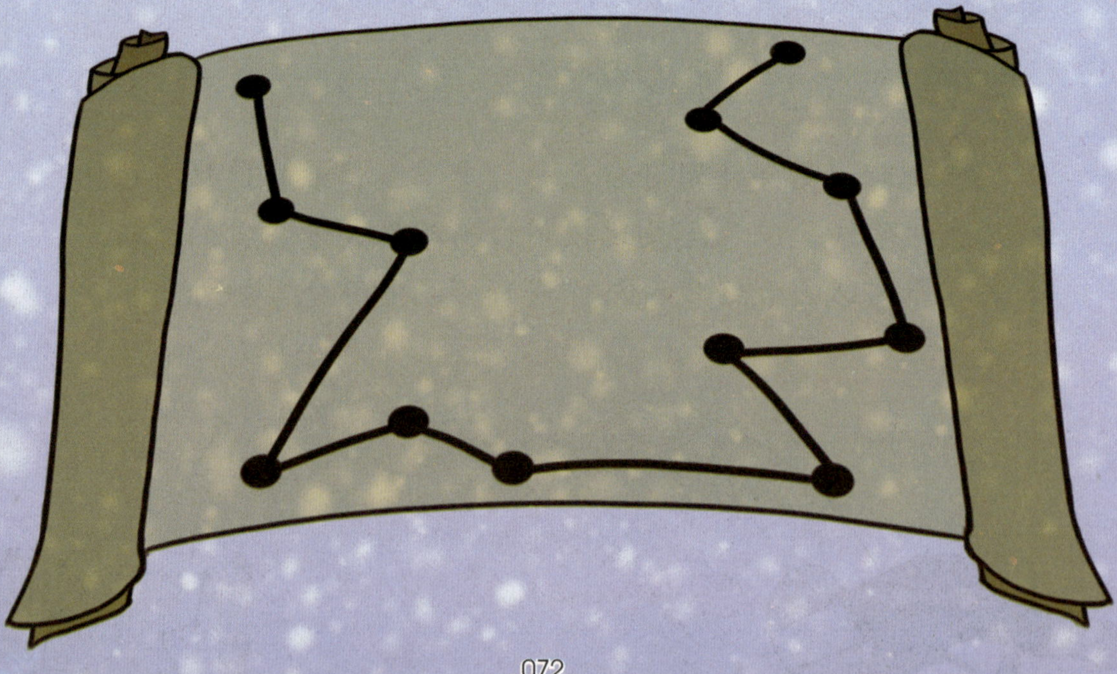

时得到救援，那么必要的饮食和小工具可能会是你生存下来的关键。

需要准备的饮食有：尽量多的水——最好是纯净水而不是饮料，纯净水可以解渴，还能在水箱的水不足的情况下进行补充；食物只要是方便携带、不用烹饪的，都可以带一些。

此外，还要准备一些必要的求生物品和小工具，以防万一。比如：手电筒、卫生纸、蜡烛、硬币（手机没电的时候可以到电话亭打电话）、防水火柴、小刀、拖拽用的绳索、铁锹（可以除冰，以防轮胎在冰上打滑）、急救箱和使用手册、备用电池、一块颜色鲜艳的布（可以在求助的时候引起别人的注意）。

总之，根据你要去的地方和天气情况，所有能想到的、有可能用到的工具，都应该尽量多带一些，当然不能携带易燃品。不过，如果气象局已发出暴风雪预警，那么无论做多少准备工作，都无法完全保证生命安全，最安全的做法还是留在家里，不要外出。

6.大雪天气要重点防止哪些伤害

大雪天气来临时，如果我们没有精心地保护自己，我们的身体就很容易受到多方面的伤害。下面介绍的这些知识，并不只是在暴风雪天气才用得到，平时遭遇大雪天气时，我们也应该按照以下方法保护自己。

防止外出时跌倒摔伤

雨雪天气路面非常湿滑，如果要外出，一定要注意安全。首先，应该穿上一双鞋底比较防滑的鞋子，并且选择平整、没有结冰的路面行走。雨雪天气一旦摔倒，尤其是年老体弱的人，很有可能导致身体受伤。

防止消化道溃疡及胃出血

雪天气温低，寒冷的天气比较容易引发胃出血和消化道溃疡。所以，寒冷天气需要我们非常小心地呵护胃部，注意胃的保暖和饮食调养。日常食物的选取，应该遵从以下几个原则：温和、较软、以素为主、多清淡、易消化。饮食尽量做

到少食多餐，少吃生冷辛辣的食物，少烟少酒。如果出现胃部不适，可以选择服用一些温胃暖脾的中成药进行调理。

防止冠心病发作

大雪天气温度陡降，低温天气下，冠状动脉遇到寒气会痉挛收缩，容易引起心肌梗死。因此，有心脑血管疾病的患者一定要多加注意，随身携带药物，并且及时服药预防，切记不宜劳累，注意做好保暖。

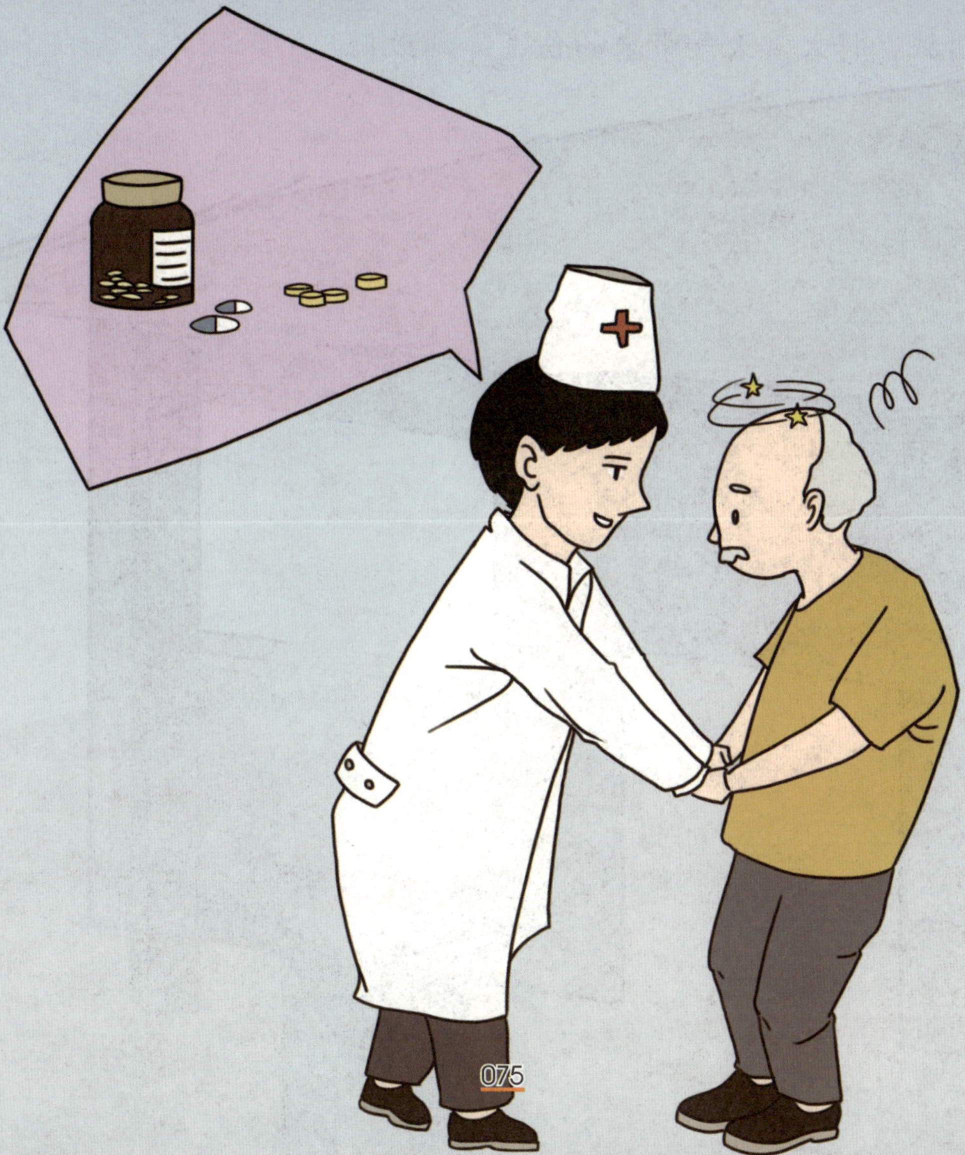

防止煤气中毒

现在虽然大多数家庭都不再使用煤气，但有些生活在农村的家庭，以及一些集体宿舍，还是会在冬天选择用煤气、煤炉取暖。大雪天气时，虽然天气寒冷，但是要注意给房间通风，经常排气、换气，以防引发一氧化碳中毒。

大雪天气的总体特点是气温大幅降低。因此，凡是气温降低可能造成的伤害，我们都应该考虑周全，提前做好预防措施，将大雪天气带来的伤害降到最低。

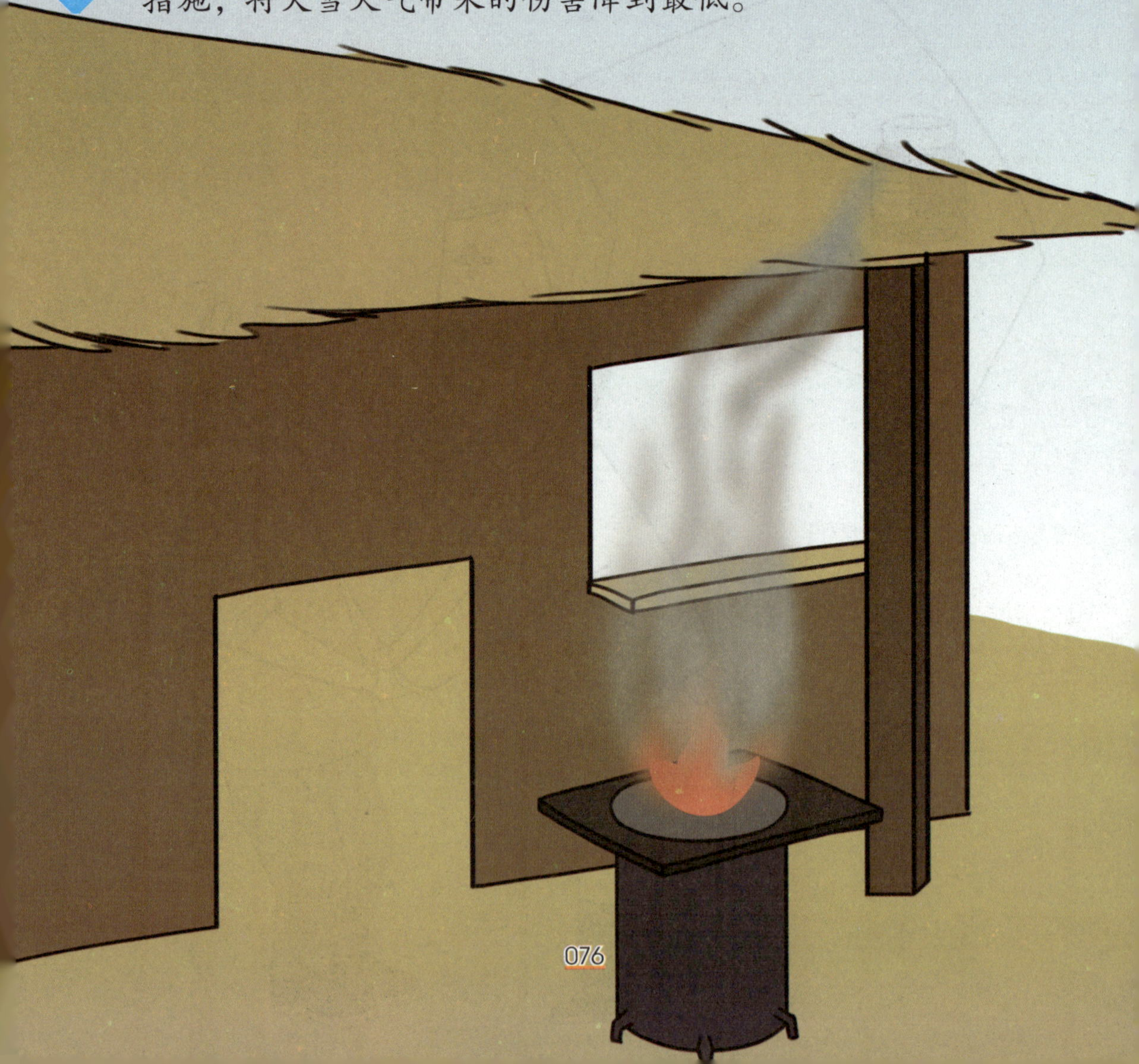

7.如何防范和救治雪盲症

有的人可能会在大雪天有眼睛疼痛的感觉，这常常让人觉得莫名其妙：白雪覆盖着大地，室外一片明亮，视力应该变得更好才对，怎么会觉得眼睛不适呢？其实，这在医学上叫作“雪盲症”，正是由于雪太亮、光线过强对眼睛产生了刺激。

雪盲症的原理和症状

眼睛视网膜受到强光刺激引起暂时性的失明症叫作雪盲症，这种症状常常出现在登雪山者和极地探险者身上。为什么白色的雪会给眼睛带来这么大的刺激呢？其实，雪本身的光并不足以刺伤人的眼睛，但雪地对日光的反射率非常高，可达95%。所以，当我们直视雪地时，就如同在直视阳光一样，时间久了当然会给眼睛带来伤害。

雪盲症有何症状？一般来说，患者会眼睛发红，经常不自觉地流眼泪，并且会持续性疼痛。患雪盲症的人，会对光线异常敏感，严重时甚至很难睁开眼睛。

如果你在大雪季节，突然发现自己的眼睛有上述症状，可能是雪盲症找上了你。

雪盲症的预防和救治

预防雪盲症其实很简单，既然直视雪地会让眼睛受损，那就不要直视雪地，更不要长时间盯着雪地。如果要外出，可以戴上太阳眼镜或者防护眼镜，以达到保护眼睛的目的。

如果发现自己得了雪盲症，应该尽快让眼睛休息，或者用眼罩蒙住眼睛。在休息期间，可以用医生开的药水来清洗眼睛，也可以用毛巾在冷水中浸泡后敷在眼睛上。还可以用鲜牛奶滴眼睛，每次5~6滴，每隔3~5分钟滴一次。注意牛奶一定要在煮沸、凉透后才可以用。在饮食上，雪盲症患者应当补充维生素A、维生素C、维生素E等，这些能帮助眼睛很好地恢复。

得了雪盲症的人，由于不能经常用眼，所以做什么事情都很不方便。很多患者因此往往失去耐心，不愿意过多休息，这常常导致雪盲症的加重。一般来说，症状的缓解需要一个良好的环境，还需要患者良好、放松的心态，并且需要5~7天的周期。所以，如果得了雪盲症，千万不要着急，以休息一周为宜。

总之，雪景虽美，但美丽的雪对人的眼睛却会造成伤害。所以，不要贪图赏雪景，也不要在大雪天“不拘小节”，不注意保护眼睛。

（二）雪崩预测、预报与安全常识

雪崩作为一种对人类生命财产安全有严重威胁的自然灾害，加上其发生之前往往有一定的预兆，所以雪崩也有一套预测、预报方法。了解雪崩的预测、预报方法，对于我们避免雪崩灾害有着非常重要的意义。

1.雪崩的预测方法有哪些

雪崩的预测方法有很多，具体来说，常用的有以下几种。

因果直观预测法

因果直观预测法是野外经常采用的预测方法，主要是观察雪的外观等状况来判断雪的稳定性。

因果直观预测法是预测雪崩最简单的一种方法。只要了解积雪表面的状况，了解一些关于山坡积雪的知识，就能判断当地积雪的不稳定征兆。

以下是几种不同情况的雪崩判断方法。

（1）当积雪断裂时（多指雪板和干雪断裂），说明积雪的连续性遭到破坏，这种情况下非常容易触发雪崩。

（2）如果出现雪球、雪滚和雪卷，则说明山坡积雪处于一种不稳定的状态，可能会发生湿雪崩。

（3）如果有悬垂雪檐，发生断裂时会有触发雪崩的可能。尤其是在山脊上的巨大悬垂雪檐，更是雪崩的前兆。

（4）如果积雪水分含量较大，则说明雪内连接脆弱，出现雪崩的可能性也比较大。

（5）如果出现风壳（积雪四周有明显的较暗的颜色即是风壳），说明存在雪崩危险。

（6）雪后，如果积雪上面覆盖了大量的新雪或者明显的由风吹来的不稳定雪层，这种雪层达到30~50厘米时，也很容易引发雪崩。

这种预测方法适用于野外。滑雪者、登山者、爆破小组等工作人员，都可以依据自己的专业知识以及上面所叙述的方法来识别雪崩征兆。

积雪层结预测法

积雪层结预测法是雪崩预报中应用最久的、最常见的一种方法，也可以叫作积雪层结探测，主要是根据雪层的类型和强度，来判断雪崩的潜在危险。在这种方法的基础上，再结合当下的天气因素等，就可以大概预测雪崩从潜在危险转变为事实的可能。具体预测方法有以下几种。

（1）探测棒试验法。这种方法极为简单，一根探测棒就可以解决问题，实在没有探测棒在身边时，普通的雪仗也可以拿来当作探测棒使用。使用探测棒时，根据探测棒贯穿率、雪的贯穿阻力、伴随贯穿产生的声音、积雪深度和下位地表特征，观测员就可以结合经验判断山坡积雪是否稳定。

不过，这个方法也存在不足，那就是探测棒贯穿的方法有很强的主观性，得到的相关结论也会因人而异，从而对结论造成一定的影响。

（2）沉陷预测法。积雪的沉陷有两种方式：第一，逐渐的塑性变形而没有任何的结构破坏；第二，突然不平稳沉陷，造成结构的破坏。一般来说，雪的硬度能够承载上位雪层重量之时，积雪也会出现沉陷现象。造成这种现象的原因是积雪在恒定负荷下，时间越长，强度就越低，导致结构破坏和积雪沉陷的可能性也就越大。当仪器检测到积雪沉陷时，就说明脆弱层已经形成，发生雪崩的可能性就会比较大。

（3）硬度测试法。硬度测试法是利用硬度仪对积雪进行测试，这种测试可以提供相对客观的关于积雪状况的信息。比如，利用积雪硬度的深度变化曲线和相应的积雪层结剖面一起分析，就能够为有无雪崩危险提供参考值。这种方法除了可以预测因积雪消融而产生的雪崩之外，还可以预报与雪内过程、降雪和暴风雪有关的雪崩，用途可谓十分广泛。

统计预测法

统计预测法是根据以往积累的大量积雪、天气和雪崩之间关系的资料，用数理统计的理论和方法，比如概率论和回归法等，找出雪崩发生的统计规律，确定有关参数对雪崩的影响作用。

统计预测法在涉及大范围地区的雪崩监测时非常有用。有的雪崩虽然是随机产生的，但是这些雪崩的发生时间和广泛分布的观测站报告的气象因素依然有关。因此，这种统计方法对于特殊类型的雪崩预测也是有效的，而且比较客观科学。

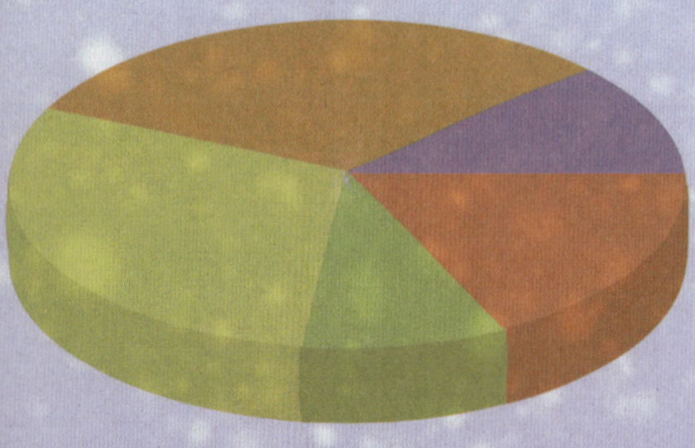

数值预测法

数值预测法是采用数学方程的数值解来预测雪崩特征变量。因为电子计算机的广泛应用，这种预测方法得到了普遍推广。目前，很多地区都用这种方法进行雪崩预测。

遥感预测法

随着科技的高速发展，很多高科技仪器也被运用到雪崩预测当中。那些利用高分辨率的卫星和航空图像技术来获取山坡积雪数量及其分布信息的方法，叫作遥感预测法。这种方法可以为地区雪崩预测提供一定的依据。遥感监测能够即时提供大范围的积雪动态资料，这种方法有其他方法所不具备的优势。

此外，积雪监测传感器在雪崩预测中的应用也越来越受到重视。近年来，专家们开始试着研究利用力学、声学和电磁学传感器来测定积雪向不稳定状态的过渡情况和判断雪崩的断裂时刻，继而推导出雪崩发生的大致时间和剧烈程度。其测定原理是，通过采集积雪断裂时发出的声音信号，来预测雪崩。

不过，采用这种方法也有一定的难度，因为目前还没有专门为此研制的仪器和判识有用信号的方法。如果采用这种方法来进行雪崩的预测，则预测信息没有时间上的预先性，它只是在雪崩预测自动化系统方面具有一定的意义。不过，用这一方法预测雪崩释放的时间还是比较准确的，而且比较实用。

气象预测法

任何天气变化都会加剧雪崩灾害的形成，变化越剧烈，雪崩灾害发生的可能性就越大。因此，关注气象台的天气预报信息对于探险者、山区工作者来说非常重要，尤其要关注有关大雪、暴雪、大雨、融雪、大风、气温急剧下降等内容，这些都有可能导致所在山区发生雪崩。根据对天气预报中特殊天气现象（如下大雪之前）的关注，以及对雪崩形成前的天气形势的分析，探险者和山区工作者可以对整个山脉或者山脉的部分地区进行雪崩预测，以避开将要发生的雪崩。

归纳推理预测法

归纳推理预测法，顾名思义，就是在所得到数据的基础之上，凭借预测人员的经验，做出有效的推理。这种方法虽然结合了数据和经验的优点，但有时也会因为经验模式和主观性的问题，导致预测结果有一定的误差。不过，人们在长期的摸索中，发现了两种可以将雪崩预报的误差降到最小的方法，这两种方法分别为逐步逼近预测法和多余信息预测法。

逐步逼近预测法，主要是评估整个冬季积雪稳定性。这种积雪稳定性的评估在很多情况下要频繁进行修正。逐步逼近预测法的基本原则是，不管是任何路径还是任何时候，每次雪崩预报都要从冬季第一场雪开始监测，一直持续到积雪完全消失为止。这样做的目的，是为了使收集整理的数据更加全面、合理，当然也会使最终推理的预测更加准确。

多余信息预测法是指通过增加描述要素来减小预测误差的一种方法。因为单个资料要素也许不够客观公正，我们可以采用多个要素放在一起的方法达到减小误差的目的，然后才能做出比较客观准确的预测。

综合预测法

在所有的雪崩预测方法中，综合预测法是最有发展前景的。具体来讲，这种方法是从广泛分布的报告网中收集资料，从而做出地区雪崩危险预测。

综合预测法能够有效地发挥预报人员的主观能动性，当出现异常条件时，观测人员能够根据自己的经验，灵活地在实际情况的基础上进行变通。

雪崩的预测方法多种多样，具体使用哪一种方法，要根据我们所处的环境、现有的设备，以及人员经验等决定。多看一些雪崩的案例，才能熟练运用雪崩预测的各种方法。

2.雪崩的预报方式有哪些

通常来说，雪崩的预报方式有两种分法：一种是从确定性的角度，分为确定预报和概率预报；一种是从内容方面，分为定量预报和定性预报。

确定预报和概率预报

雪崩有确定预报和概率预报两种方式。从字面意思上我们就能看出，两者的差别在于它们的准确性。

确定预报，就是预报所说的某地是否会发生雪崩，这个消息非常确切，很少有失误的时候。

概率预报，是指特定时段内对某一地点出现雪崩可能性的预报。根据这种预报我们得出的是雪崩危险形势、雪崩危险期，或者山坡积雪稳定参数的临界值。

至于气象局到底会发出哪种预报，要根据预测的结果来决定。

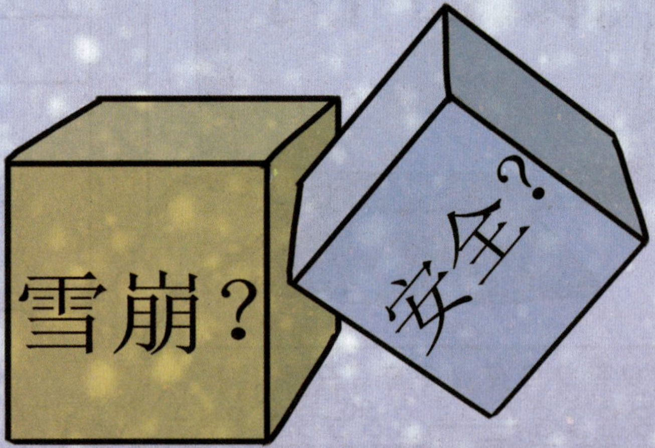

定量预报和定性预报

雪崩预报，如果从内容角度来说，还可以分为定量预报和定性预报。定量预报主要是提供雪崩危险期开始和雪崩产生时间等方面的信息，而定性预报则不能精确地断定上述参数的信息。

目前，我国已经能够制作所有类型雪崩的定性预报，还能够得到和气象要素与积雪消融有关的雪崩定量预报。不过，和雪内变质过程等有关的雪崩预报还有一定的困难。

了解雪崩的预报方式，对于我们准确理解雪崩预报的内容是很重要的，因此应当熟知并且学会运用。

3.认识雪崩的预报时效

雪崩预报，我们都知道是提前于雪崩而发出来的。但到底提前多久呢？按照时效长短，雪崩预报可以分为短期、中期和长期三种预报方法。下面分别进行详细介绍。

短期雪崩预报

短期雪崩预报分为“短期雪崩预报A”和“短期雪崩预报B”两种，其中短期雪崩预报A要比短期雪崩预报B的时效更短一些。

短期雪崩预报A针对的是未来12~24小时内的雪崩危险评估，相当于《中英法俄西国际气象词典》中所列的“甚短期预报”。同时是一种实时预报。

在冬季大雪期间，气象局通常根据现时的天气状况进行雪崩预报，其准确度很大程度上取决于山区的天气变化，而山区的天气变化往往是最难预测的，这是短期雪崩预报A急需解决的一个问题。因为当天气状况良好和积雪表面看起来很稳定的时候，预测部门往往难以确定雪崩危险发展的速度，从而导致雪崩预报不准确。当然，短期雪崩预报A是建立在一定科学的基础之上的，它的预报很多时候还是比较准确的。

短期雪崩预报B相当于《中英法俄西国际气象词典》中所列的“短期预报”。一般来说，在雪崩来临前1~3天做出的预报，都是短期预报，也叫作“大雪轨迹预报”。

冬季来临时，大雪一般都是沿着可识别路径移动的气旋形成的，这都是可以预测的，也是雪崩预报的基本依据。正在气旋中发展的大雪会因为不稳定结构而产生荷载，可通过判断它可能造成的影响，来预测雪崩危险的可能性。

在主要积雪层结构相同的大部分地区，通常大雪都会沿着冬季常见轨迹移动，较强的大雪会从一个山脉移到下一个山脉，产生一系列雪崩作用。也就是说，轨迹上游地区的雪崩报告，可以增强我们对下游地区随着降雪出现而发展的雪崩危险预期。

总之，短期雪崩预报B相对于短期雪崩预报A来说，准确性更高，对于我们所要做的预防措施有更强的指导意义。

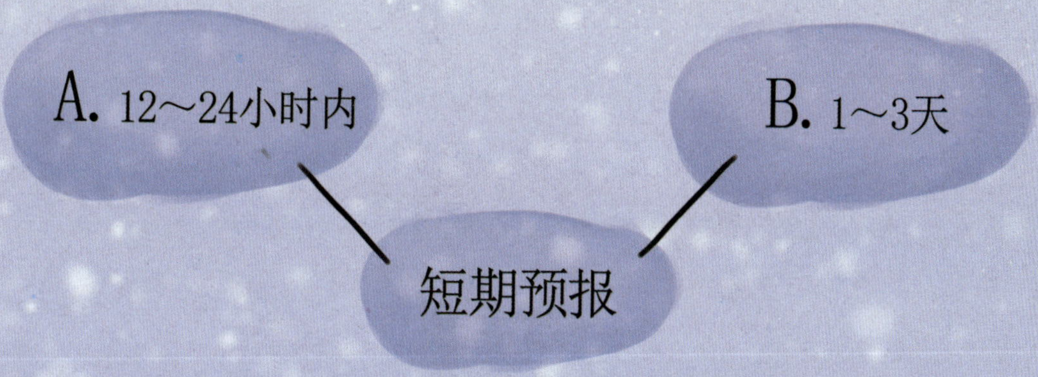

中期雪崩预报

中期雪崩预报，指的是提前3天至两周发出的雪崩预报。此预报通常通过积雪变质作用而引起结构变化来预测雪崩的危险性，所以中期雪崩预报也可以称作“变质作用预报”。这种预测方法需要有积雪特性方面的专业知识，才能做出准确的预报。

长期雪崩预报

长期雪崩预报指的是时效两周至三个月的预报，也叫作“冬季雪崩预报”。长期雪崩预报的主要依据是判断评测雪的持续结构形式，特别是形成持续不稳定的深霜结构。冬季早期形成的深霜或者表霜一类的脆弱润滑层，当上面积攒了足够的积雪时，其负荷达到一定程度，最终会导致雪崩。

在长期雪崩预报之中，即使不知道雪崩产生的确定时间，但是可以准确地预测雪崩是否会出现。这对于我们来说也是意义非凡的。例如，每年冬季来临，根据11月和12月形成的积雪结构，往往可以预先描述1月以前的冬季雪崩状况。

有的人可能会有这样的疑问：既然有短期的雪崩预报，为什么还要关注中期或者长期雪崩预报呢？想必认真看完上面的介绍后我们会明白，短期雪崩预报、中期雪崩预报和长期雪崩预报，并不只是在时间上有区别，它们所侧重预报的内容是不同的。因此，如果有条件，这三种时效的雪崩预报我们都应该予以关注。

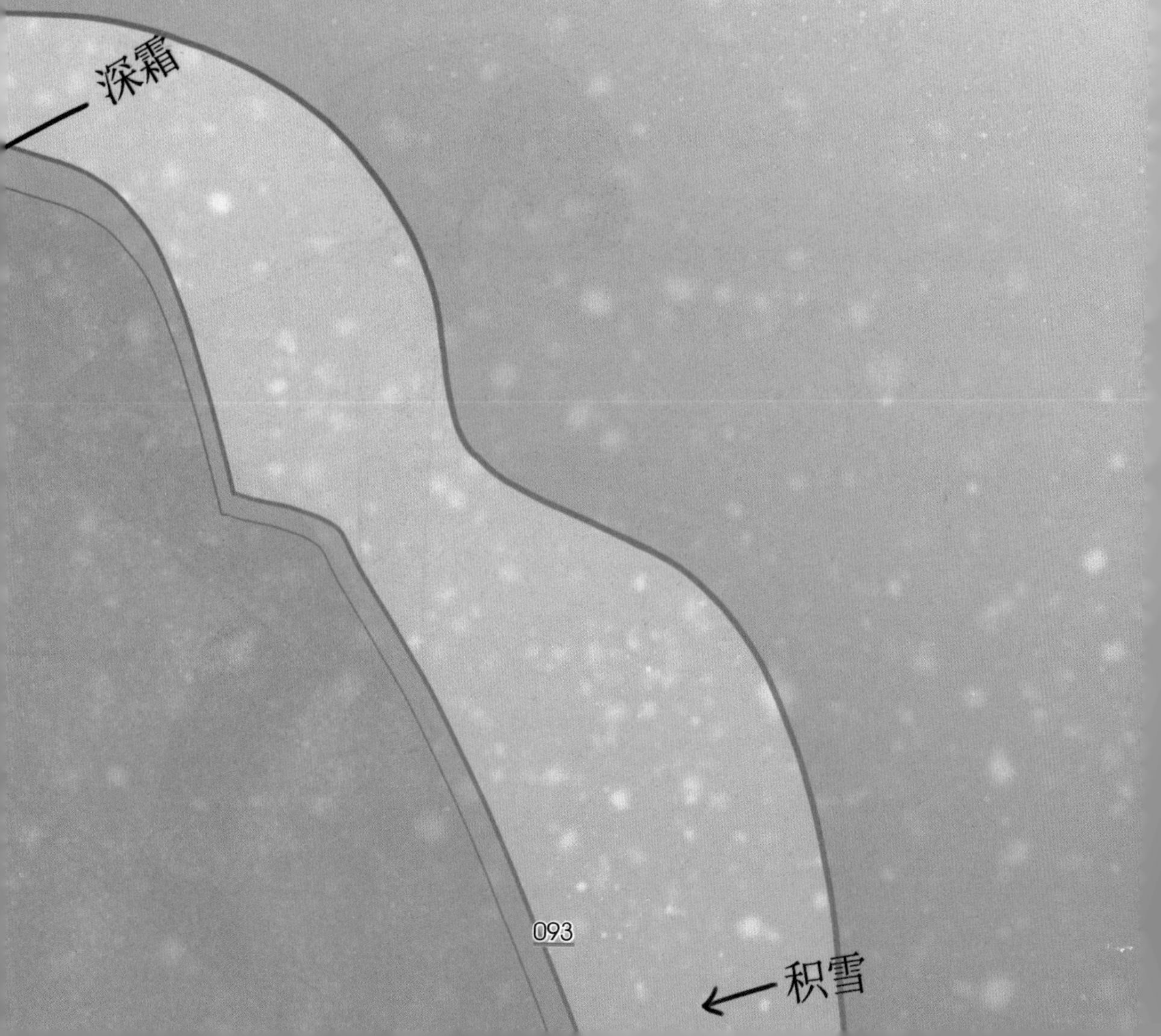

4.选择合理的行走路线躲避雪崩

大多数雪崩发生的地区离城市、乡村比较远，使得普通人少有遭遇雪崩的危险，但是，登山、滑雪、科考、旅游、探险的人员，以及一些特殊行业如通信、交通、输水、输电、牧业、林业等人员，就可能经常要涉足雪崩危险地区，有遭遇雪崩的危险。据调查，雪崩事故大都是遇难者本人或者他人触发而引起的。自然释放的雪崩也会引起伤亡，但是人为触发是雪崩事故的主要原因。有数据显示，在造成滑雪者死亡的雪崩中，有90%是滑雪者自己触发的。

所以，经常出没雪崩地区的人员，选择合理的行走路线就显得极为重要。分析雪崩形式，了解有关地区的雪崩状况，再结合自身情况，选择正确、安全的行走路线要注意以下要素。

积雪深度

选择路线首先要从积雪深度进行判断。当山坡积雪达到

30厘米的时候，就有发生雪崩的可能。这是因为，如果山坡积雪深30厘米，吹雪地区背风坡积雪就有可能高达1~2米。如果该处积雪崩塌，可能触发雪崩。据调查，我国新疆天山、阿尔泰山雪崩临界雪深即为30厘米。初步估计，我国东北和西南山区的雪崩临界雪深也是30厘米。随着雪深的增加，山坡积雪稳定程度就会减小，雪崩的危险程度就会增加。所以，如果要到雪山游玩或者工作，应该首先关注一下积雪的深度，如果积雪达到30厘米或以上，最好远离该处。

地形条件

地形条件不同，雪崩发生的可能性和强度也会有所不同。因此，雪崩的危险程度也要根据地形特征来衡量。

参考地形条件，首先可以看其坡向。通常情况下，风会把迎风坡上大部分积雪吹走，堆在背风坡地区。因此，迎风坡往往积雪很浅，有的甚至直接露出地表，即使有雪，也会被压得非常密实，难有雪崩发生的可能。背风坡积雪很深，有雪檐发育，积雪负荷比较大，易发生雪崩。

另外，阴坡的积雪比阳坡要深得多，雪崩的危险期也较长。同时，阴坡积雪有利于发育脆弱、松散的深霜，易发生雪崩。

由此可知，从坡向来说，选择行走路线时，最优先要考虑迎风坡和阳坡，倾角不大的迎风坡和阳坡是最安全的行走路线。

必须要经过背风坡和阴坡时，要尽量远离雪山，选择积雪相对较浅的地方行走。但背风坡和阴坡依然会存在雪崩的危险。所以，在遇到类似的选择时，宁愿绕一段路，也要把安全放在首位。

山坡倾角也是影响雪崩危险程度的一大因素。一般来说，小于15° 的山坡很少会发生雪崩。坡度在30° ~50° 之间的山坡发生雪崩的概率最大。50° 以上的山坡，由于不利于雪堆积，所以发生雪崩的概率也比较小，但还是有少数雪崩发生在这里，也需要引起注意。

坡面的凹凸也可能对雪崩造成影响。凸坡上的积雪处于张力状态，发生雪崩的概率大，但由于凸坡的地形高于其他地方，遇难者被埋的概率比较低。凹坡积雪处于压力状态，发生雪崩的概率小，但遇难者被埋的概率却相对高一些。总之，这两种特殊地形都不太安全，凸坡虽然不容易被埋，但被雪崩冲下山的可能性却很高。所以，遇到凹凸比较严重的山坡，都应该绕着走。

上述因素为选择行走路线时应该考虑的。在实际的环境中，还应该考虑具体情况，综合分析路线危险程度，选择危险度最低的那一条路线。

5.安全穿越雪坡的注意事项

作为一名滑雪爱好者、登山爱好者或者工作人员，即使在开始时进行了思虑周全的路线选择，在行进过程中依然可能受到雪崩的威胁。因为雪山地区情况往往非常复杂，而可能造成雪崩的因素又很多且富于变化。所以，遵守必要的安全规范，了解穿越雪坡必须注意的事项，对于我们安全通过雪山有非常重要的作用。

估测山坡积雪的稳定程度

我们前面介绍过，山坡积雪的稳定程度，直接决定着该处会不会发生雪崩。因此，在准备穿越雪坡之前，判断山坡积雪的稳定程度，是一个必须要做的功课。它将直接决定你

是否能够安然通过。那么，哪些方法可以帮助我们估测山坡积雪的稳定程度呢？

首先，我们可以进行雪坑和雪荷载能力试验。具体方法为：在相对安全的地段挖一个雪坑，观测雪深及结构、层次，确定雪深是否超过雪崩临界深度。根据双脚站在雪上陷入深度和山坡雪深的对比，来判断积雪荷载能力。需要注意的是，这些无法用具体的数据给出指导，需要靠自己对雪崩知识的了解以及经验来判断。大致原则为，当你觉得积雪非常松散、会随着自己的动作快速变化位置时，就说明积雪的稳定性差，很有可能发生雪崩。

其次，可以做一个雪崩释放试验。操作方法为，在雪坡边缘跳动，或向雪坡投掷石块，观察积雪是否会断裂。如果积雪很容易断裂，说明积雪松散，很容易从高处掉落，对于经过的人员来说非常危险。

穿越雪坡和雪崩形成区时的注意事项

穿越雪坡过程中，一定要注意下列要点。

落脚要尽量轻，千万不能多人在同一山坡不同高度前行，这样容易加大发生雪崩的危险。

同一时间，只能允许一个人通过，其他人必须待在安全地带注意观察积雪动向和前方那个人的行踪，以便在其发生危险的时候第一时间采取营救措施。在第一个人到达安全地带之后，第二个人才能出发，像第一个人那样轻轻穿越过去。其他的人以此类推。

如果时间有限，也可以采用多人鱼贯形式穿越，但是必须要将彼此之间的距离保持在30米以上，后面的人要时刻注意前面人的踪迹。整个过程所有的人要配合默契，彼此关照，不能有丝毫的放松。

如果必须要进入或穿越雪崩形成区，一定要采取以下安全措施：第一，系上安全绳，从尽可能高的位置进入；第二，沿瀑布线形式上下，减少雪崩发生的机会；第三，尽量靠近雪崩路径边缘，以防雪崩发生时无法及时逃脱。

如果是在雪崩路径或者雪坡作业，必须派专人在安全地带警戒。一旦发生雪崩，要在第一时间联系外界或直接报警，并记住同伴被卷入雪崩的位置。如果是几人同时遭遇雪崩，应该立刻相互散开，彼此保持50米以上的距离，以防互相撞击受伤，或者被埋在一起之后互压导致受伤和窒息。

需要注意的是，不要穿越见不到沟底和看不到山顶的生疏雪坡。如果有林间隙地之类的路径可以通行，那就一定要避开危险的雪崩路径。

6.雪崩来临时的信号

不管是自然释放的雪崩，还是人为触发的雪崩，在发生之前都是有一定的信号的。懂得判断和识别这些信号，对于我们在雪崩发生时尽快逃生有很大的帮助。

山腰处雪层不稳固的信号

如果你在山腰处行走时，听到冰雪破裂的声音或者雪块砸下来时轰轰的声音，说明有积雪正在下滑。这时，你需要马上观察所处的位置与雪崩的距离，然后设法躲开雪崩的行进路线。

什么时候山腰处雪层容易不稳定呢？一般来说，大雪之后山坡处的积雪增多，也比较松散，如果再有风吹等因素共同作用，就会很容易引起雪崩。所以大雪之后，应该尽量避免到山地行动，尤其是常常发生雪崩的地区。

我们也可以通过地貌特征来判断雪崩易发地区。比如，

山坡上有雪崩大槽、山脊上有雪檐、山坡上方有悬浮的冰川等，这些信号都代表着此地是雪崩易发地区。

冬季山区大量降雪且伴有大风的信号

冬季是雪崩常发的季节，如果冬季天降大雪，并且伴随大风，那么这种天气最容易形成雪崩。

滑雪或登山遇到风雪交加天气的话，最好不要上山，并且远离山区。

如果风雪大作的时候，你已经在山上，那么最好马上选择安全路线下山。当然，下山过程中，也要像我们前面讲的穿越雪坡的过程一样，一定要小心翼翼，以免人为触发雪崩。

雪崩来临时的信号一定要记牢，当做出有雪崩发生的可能的判断之后，千万不要逞能，宁可放弃滑雪或者登山计划，也不要以身试“雪”，置自己的生命于危险的境地。

7.进入雪山的注意事项

进入雪山前应注意以下几点。

雪崩危险期不要进入山区

雪崩危险期，是指雪崩条件趋向成熟，随时可能有雪崩发生的时间。雪崩危险期一般发生在降雨、大雪、大雾、大风以及地震等灾害发生之时或者之后几天。这段时间，所有的行人以及车辆都必须远离雪崩危险区，无论是滑雪、登山，还是作业，都应该避免在这段时间进入山区。

不要单独进入山区

无论什么天气条件下，不管是雪崩易发地区还是雪崩很少发生的地区，都应该避免个体单独进入山区。要进入山区，应该多人共同行动，最好有经验丰富的人同行，以便在出现特殊情况的时候快速做出准确、安全的行动。

如果有紧急情况，必须要单独行动，则一定要将自己的路线告诉亲友，并按照自己预定的路线前进。这样，如果不幸遭遇雪崩，亲友前来援助时也能快速找到自己。

注意保暖

进入雪山时，一定要穿足够多的保暖衣服，并且戴上手套。另外要戴上口罩，以免在被雪掩埋时，因为吸入雪尘而窒息造成死亡。

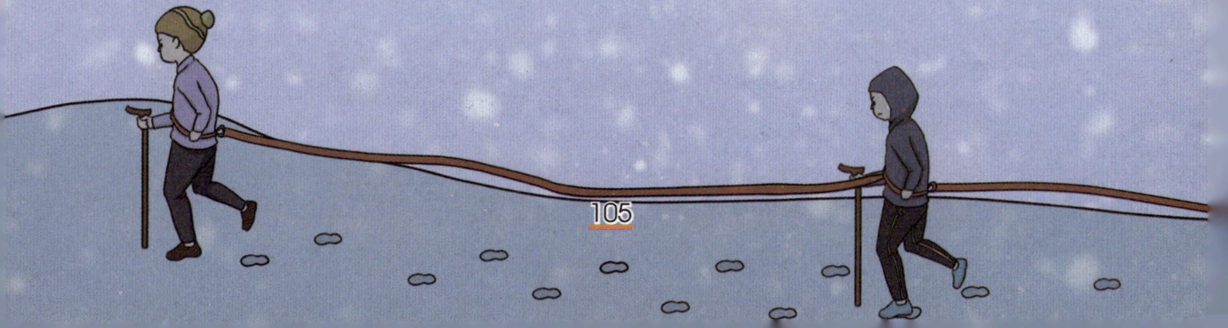

雪崩发生之后，还有可能再发生第二次。因此，如果你遭遇了雪崩，并且幸运地逃开了它的“魔爪”，那么一定要在最短的时间内离开此地，以免在死里逃生之后再次遭遇不幸。

第四章

暴风雪来了怎么办

暴风雪来了怎么办？应该选择哪些地点躲过它？要准备什么物品？要防范哪些危险？如果受伤了怎么处理？如果被暴风雪困住该怎样求得救援？千万不要觉得这些问题无关紧要，也不要认为暴风雪离我们很遥远。事先掌握这些知识，当危险发生的那一刻，你会庆幸自己的小心和对相关知识的了解。

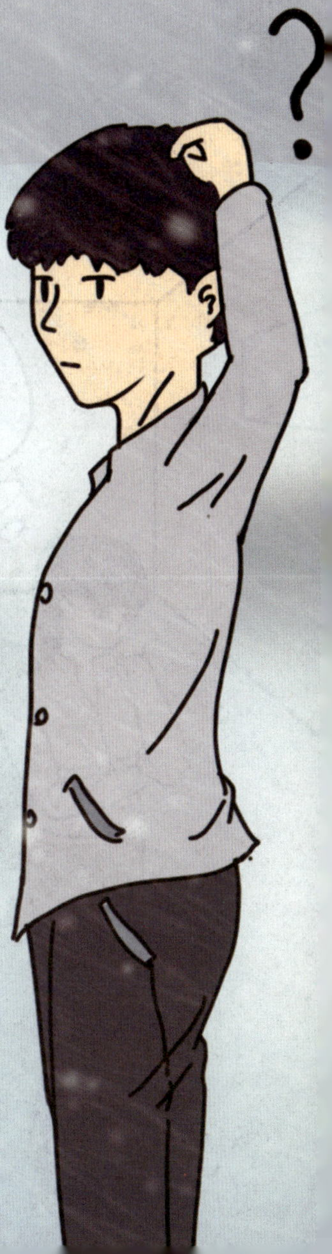

（一）遭遇暴风雪的应对措施

暴风雪来临时，不论你身处家中、学校、户外或其他场所，都有不同的应对措施，掌握了这些常识，你才能在暴风雪中将损失减至最低。

1.暴风雪天气里如何保暖

暴风雪之所以非常可怕，是因为它能给人们的生活与生命安全造成极大的威胁，可能导致人们冻伤甚至冻死。那么，如何在暴风雪天气里保暖呢？

室内保暖的基本方法

当接到暴风雪预警，或者暴风雪突然降临时，我们要尽量待在房子里，保持身体的温度。

除了多穿衣服、打开取暖设备外，还可以多吃一些高能量的食物来给身体储存能量，比如干果、巧克力、燕麦、面包等，多喝一些热饮，保持体温和充足的水分摄入。

此外，应注意适当休息，不要做高强度的运动。有的人觉得动起来可以给身体升温，于是会做一些运动，比如出去铲雪等。这种做法是错误的。因为高强度的运动会使身体出汗，在暴风雪天气里，身体出汗会加速体温降低。

停电时如何保暖

暴风雪来临时，很容易造成电路不畅，甚至断电。这时我们要完全依靠电力取暖就不太现实了。那么，停电时如何保暖呢？

据研究表明，多穿几层较薄的衣服，比穿一件较厚的衣服更加保暖，这是因为衣服各层之间的空气可以保护身体的热量不容易散失。因此，我们可以多准备几套宽松、轻质的保暖衣，在需要的时候穿上。

同时还要戴上一个保暖性好的帽子，防止热量从头顶散失。注意，晚上睡觉的时候，帽子也不要摘去，可以换成睡帽。

睡觉的时候多盖几层薄毯子或薄被子，而不只是一层厚被子，这与多穿几层薄衣服的原理是一样的。

另外，最好关上各房间的门，在门缝中塞上毛巾和旧报纸——这些都是不错的隔热材料，以保持各房间温度维持正常。

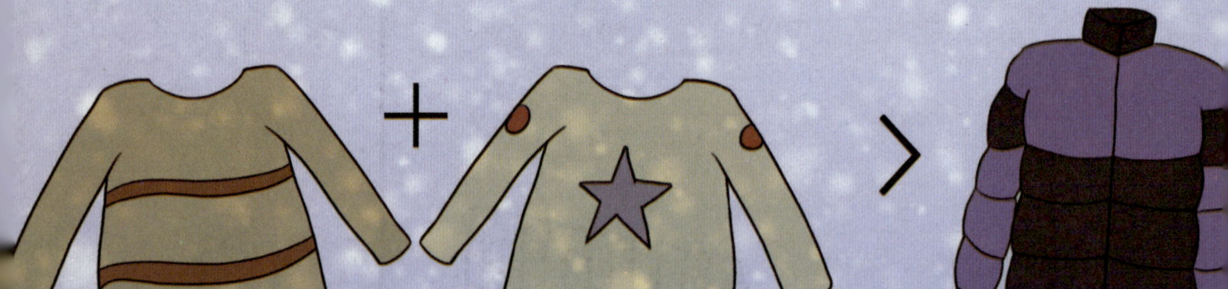

外出时如何保暖

暴风雪天气如果必须要外出，一定要戴上口罩，一来保护嘴、鼻和脸部的温度，二来防止冷空气对肺部造成侵害；戴上手套，防止手部冻伤也是必需的；还要穿上防滑的皮靴。

暴风雪天气来临时，给身体保暖是一项非常重要的工作。不管你是在家里还是在室外，都必须引起高度重视，做足保暖工作。

2.被暴风雪困在车里的自救方法

如果暴风雪天气驾车在野外行驶，汽车抛锚了应该怎么办？此时，应牢记以下几点注意事项。

安静待在车子里，不要离开

在找不到建筑物躲避的情况下，在车里相对来说更安全一些。因此，在离目的地还很远、离其他建筑物也比较远的情况下，为了确保安全，一定不要离开车子。因为在郊区或者乡村，营救人员发现一辆车子远比发现一个人要容易得多。

所以，遇到此类情况应该安静地待在车子里，然后，可通过手机等跟外界取得联系，寻求救援。

尽量让自己的车子停在安全且显眼的地方

不可将车子停在马路或公路中央，以及可能发生其他危险的地方。

同时，在车子上安放一些物品以引起他人注意。比如，如果是白天，找一根长棍子，一端系上红布，另一端插在车窗的缝里，或者黏在车顶上，让红布在高处飘动。如果是晚上，可以打开车内顶灯或者车外灯。这样才容易被救援人员发现。

节省汽车燃料，注意车内保暖

汽车内保持暖气开放，这样可以维持身体热量，让我们不至于受冷空气侵袭。另外，每隔1小时开动一次引擎，每次打开10分钟，这样可以节省燃料，为长久等待作准备。引擎运转时，可以将窗户打开一条缝，排出车内的一氧化碳。每次启动引擎前，要确保排气管没有被雪堵塞。

保持清醒，不要睡觉

等待救援时，千万不要睡觉，这样既能及时发现经过的救援人员，又能时刻观察周围环境，保证自己不会遭遇其他危险。另外，睡觉会让身体的温度下降，这在极度恶劣的天气里是非常危险的。如果困意来袭，可以听听收音机，大声唱歌，甩动手脚热身。

当然，最重要的一件事情就是，你已经发出了求救信号，并且留下了详细的具体位置和车身标志，这样你才能更早得到救援，脱离危险。

3.暴风雪天气外出时的注意事项

暴风雪来临时，最安全的做法当然是留在家里。如果暴风雪并不十分剧烈，单位没有停工、学校没有停课，或者有非常紧急的事情，必须要外出，那么一定要做好相应的防护措施。

暴风雪天气外出前的准备

出去之前，要先做一些简单的热身运动，让身体舒展开来，以免低温使身体各部位僵硬，行动不灵便。

热身时可以跳几下、搓搓脸、揉揉鼻子、捏捏耳朵、活动手腕和脚腕，尽量让身体的各个部位活动开来。需要注意的是，活动时不要做太剧烈的运动，以免身体出汗。

热身后，要穿戴整齐并且将身体裸露的部位遮盖起来，最大限度地给身体保暖。

骑车与走路出行的注意事项

如果是骑自行车出行，要适当地给自行车的车胎放一些气，以便使地面与轮胎的摩擦力增大，避免滑倒。

如果是走路出行，一定要躲开老树、广告牌、临时搭建物等，以免被坠落物砸伤。

遇到屋檐、大桥时，尽量绕行。如果没有其他道路通行，要小心地观察周围的情况，确定没有可能掉落的物品和因融化而脱落的冰凌时再快速通过屋檐或大桥。

在路上时，要服从交警的指挥。如果他人发生交通事故，为了避免出现连环撞车事故，应该远离现场，不要怀着好奇的心理去凑热闹。

当然，如果暴风雪预警中明确要求大家待在家中，或者有停课、停业的通知，就尽可能留在家里。

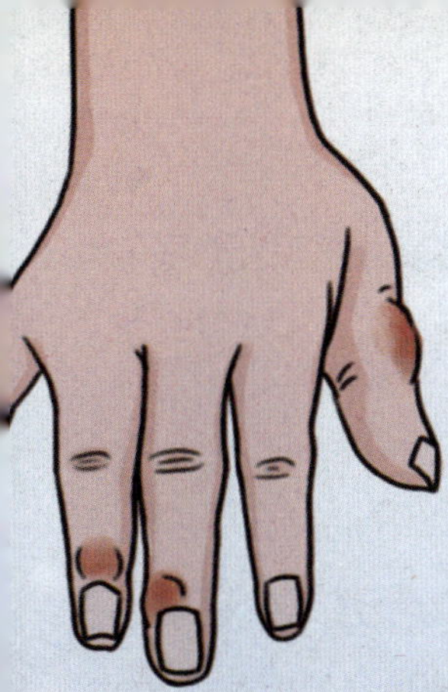

4.冻伤后快速自救的方法

雪灾来临时，冻伤是一种非常常见的伤害。冻伤后，如果处理及时、得当，还是可以在最短的时间内恢复健康的。所以，学习一些必要的冻伤自救方法很有必要。

冻伤的定义和特征

冻伤指的是人在长时间内处于低温环境中所受到的伤害。根据冻伤程度的不同，医学上将冻伤分为四个等级，具体情况如下。

一度冻伤 就是我们常说的“冻疮”。此时造成的伤害是所有冻伤伤害中最轻的。冻疮指皮肤的表皮层受损，受冻部位的皮肤有红肿充血的现象，并伴有痒、热、灼痛之感。一度冻伤一般数日之后症状会自行消失，愈合处除了表皮会脱落之外，通常不会留下瘢痕。

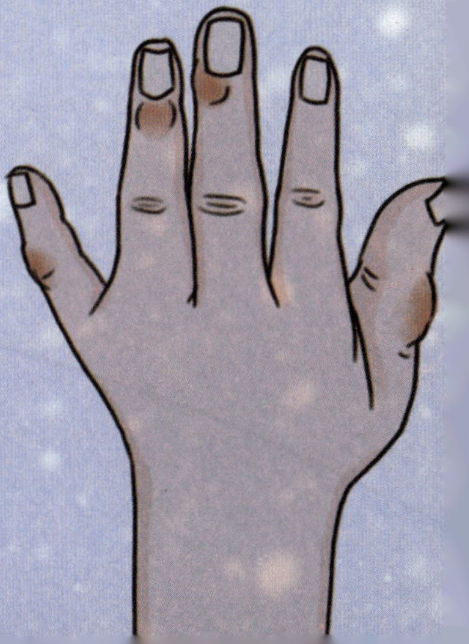

二度冻伤 指皮肤的真皮浅层损伤，冻伤后的皮肤除了有红肿的现象外，还有水疱出现，水疱内的液体为血性液，深部还有水肿、剧痛出现，皮肤有迟钝之感。

三度冻伤 指皮肤全层损伤，皮肤被冻伤后不再有疼痛的感觉，甚至难以愈合。并且，皮肤会变成黑色或者紫褐色，除了会有瘢痕遗留外，在较长的时间内，周围的皮肤可能会有疼痛感或者过敏现象出现。

四度冻伤 指人的皮肤、皮下组织、肌肉，甚至骨头受到损伤，会有坏死和丧失感觉的现象。伤愈后，可能会形成瘢痕。

冻伤后的自救方法

人体冻伤常常发生在手、脚、耳朵等部位，当然也有全身冻伤的。被冻伤的人，尤其是局部或全身冻伤的人，倘若不能及时得到护理或者抢救，通常会引起严重的后果，如致残，甚至冻死等。

暴风雪来临时，由于很可能出现冻伤，并且因为天气因素常常难以及时出门就医，所以冻伤后及时自救尤为重要。

处理冻伤首先要做的是恢复冻伤部位的血液循环。假如有冻伤情况出现，应该迅速撤离寒冷的环境。如果条件允许，将身体泡到温水中逐渐恢复正常体温和血液循环。注意水温要控制在38℃~42℃之间。快速对受冻部位进行复温，使局部血液循环迅速恢复过来，可以最大限度地缩小组织的坏死范围。复温时间最好为5~7分钟，最长不能超过20分钟。当冻伤处的皮肤恢复正常的感觉和颜色后，就可以停止复温了。

如果条件不允许使用以上方法复温，要对冻伤部位进行按摩。除此之外，还可以涂一些酒精、冻疮膏。如果冻伤部位出现水疱，可用消毒针穿刺水疱，抽出里面的液体，再用冻疮膏涂抹。

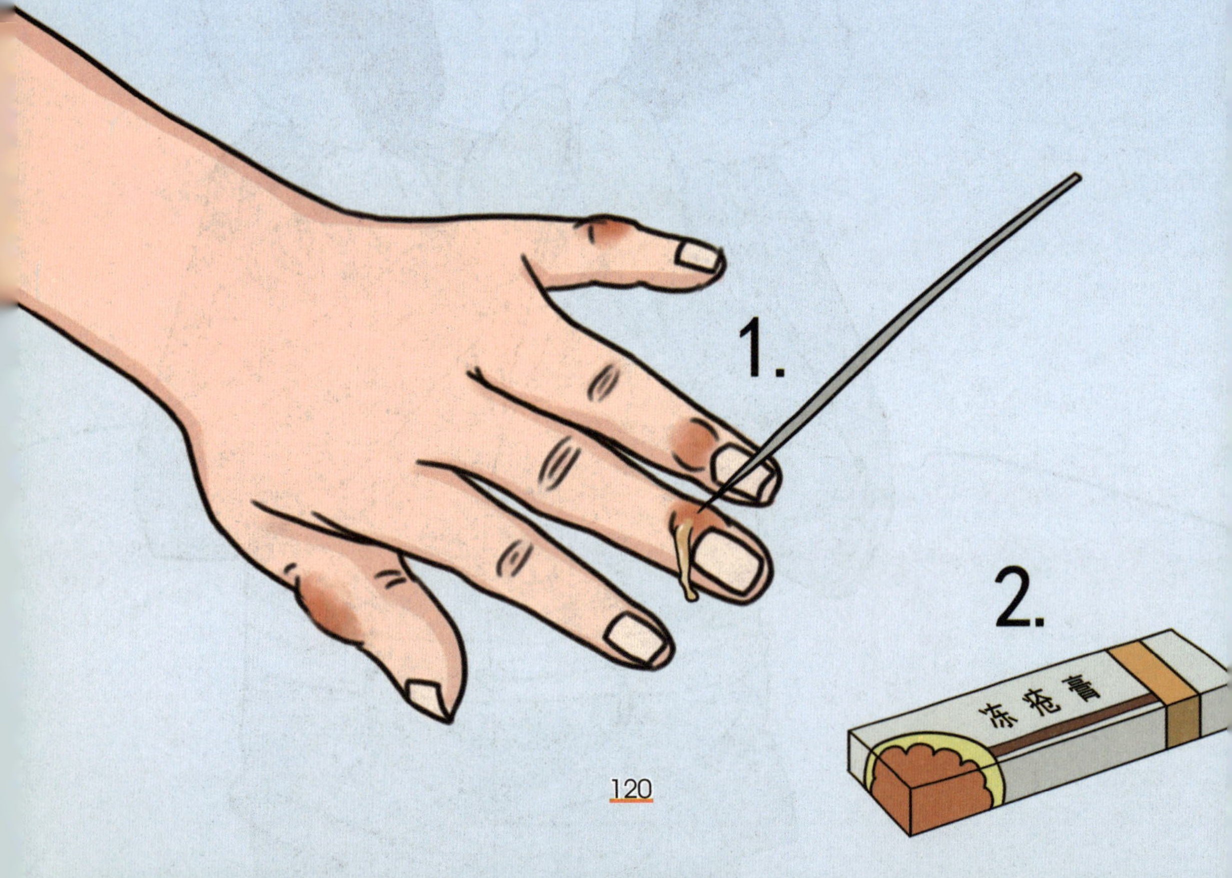

需要注意的是，对于冻伤部位，千万不能用火盆或者火炉烘烤，否则，可能会引起烫伤。

以上处理冻伤的自救方法，同样适用于帮助他人处理冻伤。

对于全身冻伤的病人，必要的时候要对其进行人工呼吸，以增强其心肺功能，以免出现休克。

一些比较严重的冻伤病人，应当在暴风雪天气过后，立刻到医院进行治疗，将伤害降到最低。

5.住在平房区如何应对暴风雪

居住在平房区的居民，在接到暴风雪预警后，除了要做到普通用户在家中要做的防护措施之外，还需要额外注意以下几点。

（1）平房区家庭的水管大多在室外，所以除了要用家里的容器储水之外，还要用棉布、破旧的衣服将水管包起来，以免被冰雪冻住，不能接水。

（2）如果接到预警时，距离暴风雪来临还有一段时间，要将平方的屋顶检查一遍，最好将屋脊再次加固，防止被积雪压塌。注意不要冒着风雪修葺屋顶，这是非常危险的。即使屋

顶有漏洞，也要等风雪停止后再对其进行修缮。

（3）在屋内取暖时，一定要注意炊烟倒灌，发现后要及时采取措施，以免一氧化碳中毒。

（4）供电线路可能在大风雪中遭到破坏，居民们进出门时，要特别小心可能或已经被风刮断和被雪压断的电线，以防触电。

（5）生活垃圾最好先收在屋子里，不要放到外面去，否则大风雪可能会将脏东西刮得到处都是。

平房区的居民，各方面条件相对来说稍微差一些，暴风雪来临时，需要注意的事项也多一些。所以，多一分细心，多一分准备，才能从容应对暴风雪。

6.野外遭遇暴风雪的自救措施

如果发生暴风雪时被困在野外，应该注意以下几点。

向公共救灾部门求救

立即用手机向公共救灾部门求救，因为在灾难性气候中，个人的能力是有限的。

但是，被困在野外的人很可能会因为在山上或森林中，手机信号不好，可能电话难以打通。这时，需要向不同的方向走出一定距离，哪怕走上很远，也要打通报警和求援电话。打通电话后不要再频频通话，保持手机电量，以便在关键时刻能起到通讯联络的作用。

引起救援人员的注意

如果是白天，可以用随身携带的打火机、火柴等，点燃一些树枝、木棍取暖。或者将燃料摆放成三角形，点燃后呈三角形的火焰，是国际上通用的求救信号。这样做更容易被救援人员发现。

“SOS”也是国际通用的紧急求救信号。在没有任何工具的情况下，可以用脚在雪地上

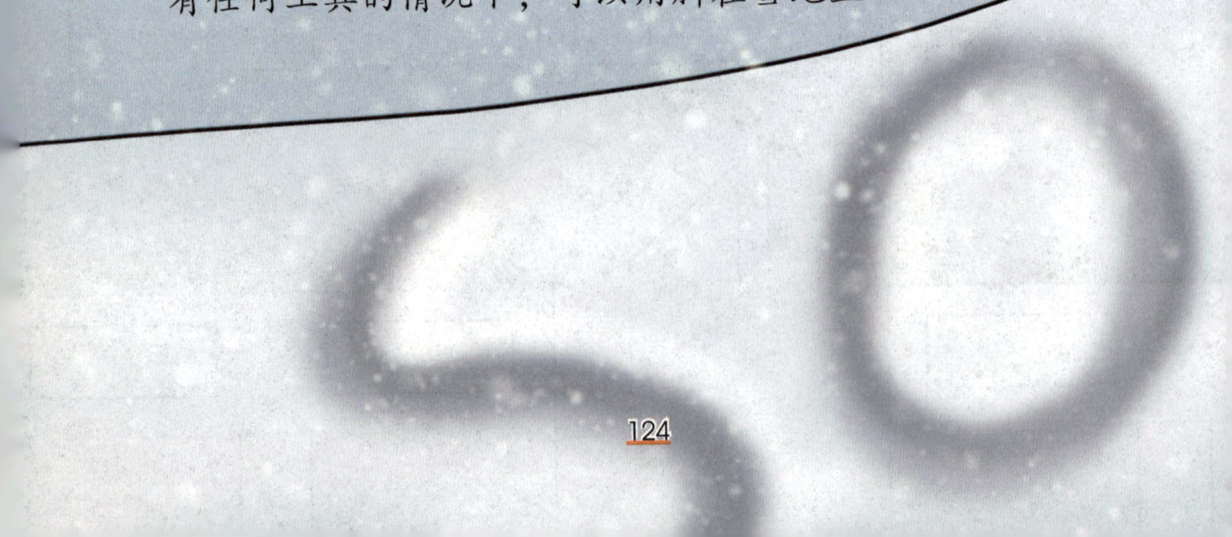

踩出这个字样。需要注意的是，各个字母之间要留出一定的距离，字母要尽量大一些，这样容易被空中航行的救援机看到。

如果看到救援人员，一定要立刻大声呼喊，并且挥动颜色鲜艳的衣服等物品，吸引救援人员的注意。

防冷防冻

做完以上事情后，接下来就是耐心等待救援人员的到来了。在等待救援的过程中，最要紧的是防冷防冻。

如果随身携带打火机、火柴等物品，就要在附近捡拾野草、树枝等，生火取暖。

如果没有生火条件，就要尽量想一些办法保暖。比如，时常活动手脚，在

安全背风处休息等。保暖的首要部位是头部，因为人体40%的热量是从头部散发的，同时要保护好手指的温暖。

野外过夜

如果等待的时间很长，而不得不在雪地野外过夜，则首先要找到安全、背风的地点。

需要注意的是，千万不要在雪崩可能发生的地方和崖壁的背风处过夜，因为这些地方不安全。应该根据当时的环境状况，慎重选择最安全的地方。一般来说，应选择大树下或者较为开阔的地方，这些地方相对来说较为安全，还易于被救援人员发现。

如果随身携带了帐篷，可以按照常规方法将帐篷搭建好，由于帐篷的四角在冰雪中不容易固定，可寻找一些大的石块和积雪将帐篷固定好，或者将帐篷与周围的树木连接起来，以免狂风将帐篷吹走。这样就可以在帐篷中过夜了。

如果没有随身携带帐篷，可以在合适的地方，如背风的地点挖个雪洞，在雪洞中过夜，洞内温度比外边高，只要食物充足，这种方式可以坚持一段时间。

无论是在帐篷中还是雪洞中栖身，都不要睡觉。保持清醒，不仅可以随时发现身边可能出现的危险，还能及时发现救援人员的到来。

不可吸烟、饮酒

有人认为，在寒冷的环境中吸烟和饮酒可以驱寒，事实并非如此。因为烟、酒会加快血液循环，从而加速体温下降。例如，酒精会使血管扩张，造成体温散失更快，而且喝过酒会容易打瞌睡，一旦睡着，就容易冻伤。所以，被困雪中不要吸烟、喝酒。

暴风雪发生时，野外求生虽然比较困难，但并不是没有可能。只要记住以上几点注意事项，相信就能够顺利脱险。

（二）雪崩自救与互救

我们都知道，雪崩素有“白色妖魔”的称号，因为它一旦来临，不但能摧毁森林、道路、房舍、通信设施和车辆，还有可能夺走我们的生命。雪崩被列为积雪山区的一种极为严重的自然灾害。雪崩来临时，我们如何能够摆脱“白色妖魔”的控制，将它的破坏力降到最低呢？

1.雪崩来临时的应急措施

雪崩一般是爆发在山顶或者半山腰处，当它倾泻而下时，有着巨大的力量和极快的速度，能够将阻碍它的一切东西卷走。雪崩往往能向下冲出很远，一直到广阔的平原才渐渐消失。

雪崩破坏力的判断

当山坡上的积雪以缓慢的态势下滑的时候，通常不会造成很大的危害。因为它下滑的过程中可能被岩石、树木等障碍物挡住去路。

当大量的积雪急速下滑或者崩泻时，就会挟带强大的气流冲下山坡，造成极大的危害。因此，我们要对雪崩的破坏力有一个简单的了解，要知道哪些雪崩来临时，必须以最快的方式逃脱。

当然，这并不代表缓慢的雪块滑落就不需要逃跑，有时急速的雪崩往往会“藏”在它们的后面，使人猝不及防。

雪崩来临应采取哪些应急措施

遭遇雪崩时，千万不能失去信心，而是要随机应变，以最快的速度采取自救。

雪崩一旦发生，或者你察觉到它马上要发生时，一定要果断地将身上所有笨重的物件抛弃，比如背包、滑雪板、滑雪杖等。抛弃这些东西不仅为了跑得快，还在于假如一旦被雪埋没，不至于被这些硬物所伤，或者被压住。

如果雪崩以较慢的速度从山坡上方袭来，需要一段时间才会冲到自己身边，那么可以利用这个时间差，马上就近逃出雪崩可能波及的范围。

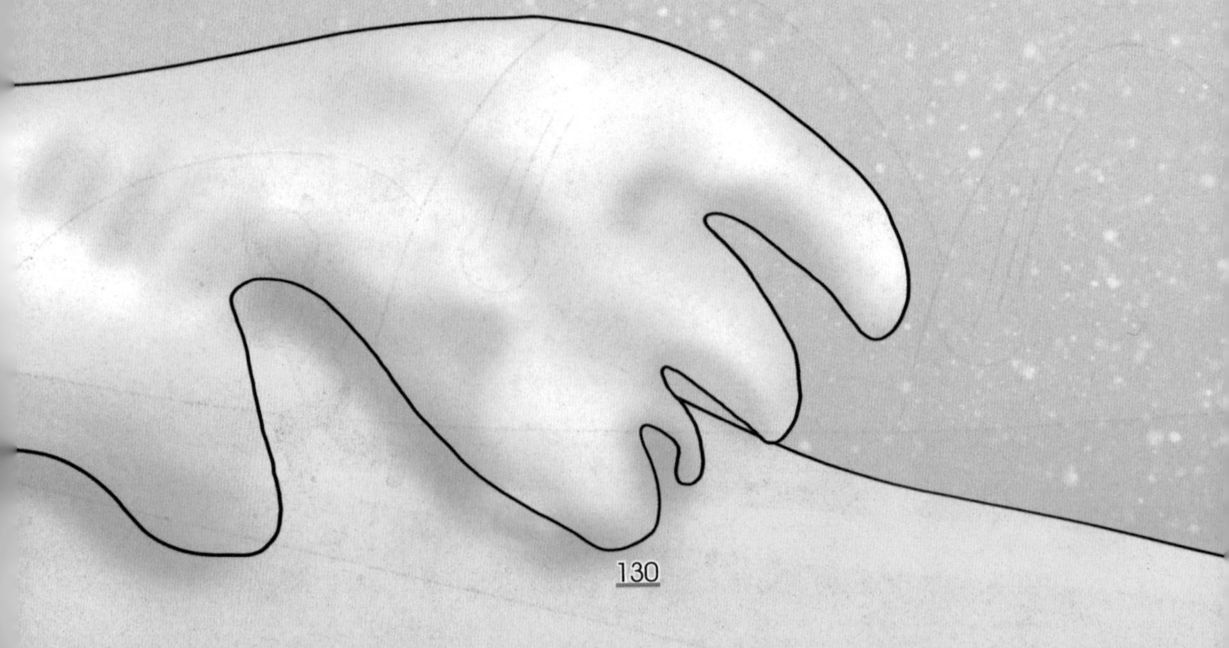

如果雪崩速度慢，但范围很宽，一时无法跳出其波及范围，那么可以利用一切能够利用的工具增加留在雪地表面的机会。比如，滑雪者可以利用铁锹、冰镐和雪仗等工具撑住身体。只要工具没有被雪崩主体及其气浪扑倒，即使被锋后积雪绊倒，也能将留在雪面的机会大大增加。

登山者、滑雪者还要记住一个原则，在雪崩路径两侧的人比位于中心线上的被埋概率要小得多。所以，在来不及完全逃脱的情况下，就跑向雪崩路径较近的一侧边缘，尽量远离中心地带。这样即使被雪崩砸到、埋没，身体受到的伤害也远比在中心线上轻得多。

如果你遇到的不是非常大的雪崩，那么一定要观察你周围是否有矗立的岩石、挺拔的大树等坚固的物体。这些相对稳固的物体一般不会被较小的雪崩摧毁，如果你能牢牢抓住它们，它们就可能成为你救命的工具。

如果被倾泻的积雪冲到山坡下面，也不要慌张，一定要想办法爬到冰雪的表面，因为被冰雪压住的概率越小，就有越大的逃生可能。你可以用仰泳的姿势划到最上面，并且用双手挡住头部，尽快逃向雪流边缘。

如果被卷入雪崩之中时，还有持续的雪在降落，就要尽力抱住头部，以防头部受伤。同时，也要确定自己是否处于倒立状态。如果无法判断，可以让口水流出来一些，看唾液是流向鼻子还是流向下巴。如果是倒立的，就一定要迅速地将上方的雪破开，自我救助。

如果不幸被雪埋住了无法动弹，可以暂时保存体力，当感觉到雪崩的速度趋于缓慢时，再努力地破雪而出。注意一定要在雪崩速度减慢到可以行动的时候立刻行动起来，因为雪崩一旦停下，只需要几分钟就会凝固成雪块，到时手脚将被束缚，再想出来就很难了。

气浪也是雪崩中给人们带来巨大危害的杀手。雪崩形成的气浪冲击往往比雪团本身的打击更大。如果雪崩发生时，你没有更好的地方可以躲避，那么就应该及时闭口屏气，以防气浪涌入咽喉和肺部，引起窒息。

雪崩来时，如果看到有气浪卷起雪尘袭来，那么应该立刻转过身，背对雪崩气浪，同时双手捂住口鼻，卧倒。这样，能将气浪带来的伤害降到最低。

雪崩方向
逃生
方向

2.哪些安全装备有助于在雪崩时脱险

雪崩来得突然，让人猝不及防。虽然雪崩常难以预料，但如果能够配备一些专业的安全装备，比如雪崩绳、登山绳、雪铲等，遇到雪崩时，不但能够自救，还能救援他人，可以大大减少雪崩的伤亡率。

雪崩绳

雪崩绳最早出现在19世纪初期。自从它的作用显现出来之后，很多人都将它作为登山、滑雪时不可或缺的工具，现在它已经得到了广泛的应用。

雪崩绳通常是红色的尼龙绳，质量很轻，绳长约20米，直径1.5厘米。一般的登山用品店或体育用品商店都能买到。具体用法为，将绳子的一端紧紧绑在腰上，另一端拖在身后。如果不幸遭遇雪崩，被雪掩埋，质量很轻的雪崩绳另一端往往都会留在雪面。营救人员只要发现雪崩绳，就可以循着雪崩绳找到被埋者，将其救出。

雪崩绳在很多次雪崩事件中都发挥了关键作用，有很多因为携带雪崩绳而获救的登山者。不过，这条绳子也并非百分之百能起到作用。有专家经过多次试验发现，完全被埋的遇险者中，只有40%遇险者的雪崩绳能够留在雪的表面。在干雪崩的发生过程中，降落的浓密雪尘总会埋没雪崩绳的自由端，这样雪崩绳就失去了它的作用。尽管如此，雪崩绳发挥作用、减少伤亡的现实例子还是大量存在的。所以，大部分登山者和滑雪者依然会选择随身携带雪崩绳。

另外，雪崩绳还可以作为同伴之间彼此间距的尺度和保持队形的标尺。尤其在能见度较低时，或者坡度很陡峭时，后面的人可以根据雪崩绳的自由端，判断与前面一人之间的距离，以及前面的人是否遇到了危险。

有的人发挥想象力，在雪崩绳的自由端绑上一只氢气球，防止雪崩绳的自由端被雪尘埋没，增加获救概率。虽然氢气球并不一定能在恶劣的环境下持久保持活力，但这种方法在一定程度上增加了安全性。

登山绳

登山绳是一种特制的登山常规用绳，绳子的质地非常结实，而且很轻便，既可以用来进行雪坡作业，还可以作为登山者的工具。其作用与雪崩绳基本类似。

雪铲

雪铲的作用主要是挖雪、营救被雪埋没的人。雪铲应尽量选择结实、质轻的，结实是为了耐用，质轻则携带方便。

在历年来发生的雪崩灾害中，曾经发生过这样的悲剧：救援人员利用无线电技术及时地确定了遇难者的雪下位置，却因为忘记带雪铲而不能展开救援工作，从而耽误了营救的时间，导致了悲剧的发生。

由此可见，一只小小的雪铲，也可能决定探险者的命运。所以，不要嫌麻烦，最好还是在进入山区前准备一把。

无线电收、发报机

无线电收、发报机是一种能接收、发射信号的收音机。这个装备在手机信号常常不通的山区里，是非常重要的联络工具。配备这种装备的人，出发之前要把它调至发射状态。如果有人被雪崩埋没，幸存者或同伴只要把各自的收音机调至接收状态，并按照一定的程序确定无线电信号源地，就能及时发现被埋者的具体位置。可见，这个小小的装置，是决定被埋者能否获救的关键设备。

当然，那些对于登山者、滑雪者、山区工作者有用的装备绝不只这几种。经常出入山区的人，根据自己的经验和实际情况，也可以选择携带一些其他安全装备。只要符合结实耐用、质地轻盈、安全有效的原则，都可以带在身上，在关键时刻使用。

3.雪崩致死的原因有哪些

雪崩致死都是哪些原因造成的？都是被砸死的吗？怎样做能够将死亡概率降到最低？下面我们就来解答这些问题。

窒息致死

雪崩遇险者被雪崩掩埋以后，身体周围空气很少，呼吸困难，再加上积雪压迫咽喉和胸部，从而导致窒息死亡。

不同部位的窒息，致死的原因和时间也不一样。

咽喉和胸部受压迫而窒息者，多半是因为被积雪埋得很深，其咽喉和胸部会受到积雪的压迫，造成呼吸困难而窒息。这样的窒息需要紧急救助，其有效救助时间通常很短。

呼吸系统阻塞窒息也是一种常见的类型。遇险者被埋入雪中，会产生恐惧心理，这是一种自然的本能反应。但是由于恐惧而大喘气，吸入大量积雪，就会导致呼吸系统阻塞，加速死亡过程。在卷入雪崩、向下运动的过程中，呼吸系统也有可能塞进积雪。

还有一种窒息是氧气耗竭窒息。遇难者被埋入雪下以后，生存空间狭小，空气也很少，在雪下呼吸久了，周围的氧气会逐渐耗尽。这种窒息类型的有效营救时间稍微长一些，因为雪下低温环境可以减少氧气消耗，从而延长幸存时间。遇到此类情况时，被埋者要尽量让自己的情绪平静，大脑放松，耐心等待救援。

外伤致死

撞击导致外伤　雪崩卷着遇险者向下快速滑落，除了雪块的砸、撞之外，遇难者还有可能被沿途的石块、树干等坚硬物体撞伤，这些撞击所带来的外伤或可直接导致遇险者死亡。

气浪导致外伤　雪崩的气浪速度很快，会卷起或冲击山坡上的坡积物和岩石上的风化石块，遇险者可能会被由此产生的飞石击中而死亡。另外，雪崩气浪和雪崩本身的压力，也会对人的肺部或者其他器官造成伤害，严重时甚至会使人直接致死。

总之，雪崩可能会对人体造成各种各样的外伤，受伤部位也很随机，可能会在头部、腹部、内脏、颈椎、腰椎或四肢等。虽然很多外伤并不致命，但不少遇难者却是因为外伤无法及时得到医治，最终流血过多而死。

低温致死

遇难者在卷入雪崩或被埋入雪下之后，其身体由于处于低温环境，如果得不到及时营救，就会被冻死。

情绪过于恐慌致死

遭遇雪崩时，很少有人能保持镇定，不恐惧、不慌张。而这种无法克制的恐慌情绪，也是加速死亡的一个重要原因。医学研究表明，人在恐惧或惊骇的时候，迷走神经支配心脏跳动，而迷走神经在身体某些部位受到刺激时，体内会出现咽喉痉挛、呕吐、心跳缓慢等症状。在出现呕吐时，或者吸入少量积雪时，位于口内舌部的会厌部分也会产生强烈刺激，引起迷走神经强烈反应，最终导致死亡。

滞后休克

有些遇难者虽然有幸在失去生命的前一刻得救，但却在得救后不幸地死于滞后休克。例如，1962年4月18日的上午，英国边地发生雪崩，一个年轻警卫被埋在餐厅里，雪深达6米。19日下午，这个年轻人被救出时伤势很轻，住院期间一切正常。然而，在22日晚，年轻人却突然感到心烦意乱、神经紧张，最终死亡。验尸结果表明，他死于滞后休克，没有其他特殊的致死原因。

上述都是在雪崩中发生的死亡原因。其中，将近20%的人是因为窒息或者外伤当即死亡的，其余80%的人是没有及时获救而死亡的。

总的来说，遭遇雪崩以后，被埋的时间越长、埋得越深、外伤越严重、恐慌情绪越重，则其失去生命的可能性也越大。

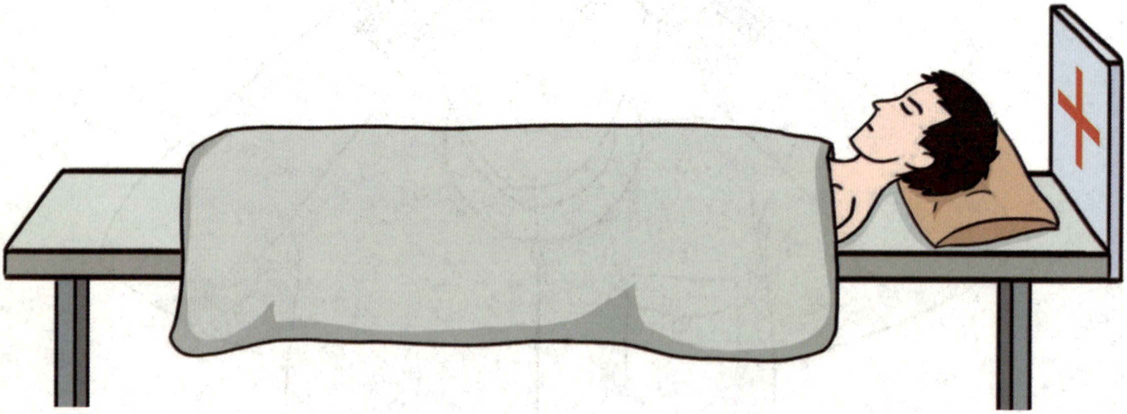

4.雪崩遇难类型

无论你是专业的搜救人员，还是与同伴一起出行的登山爱好者，掌握一些雪崩后的搜索原则和方法，对及时营救遇难者非常重要。

雪崩搜索的原则和方法，以及搜索的地点、范围、步骤和难易程度，都取决于被埋者卷入雪崩的遇难类型，根据这种遇难类型，往往能够较快确定被埋者的埋藏方位。

雪崩遇难类型是指具体人员卷入雪崩的地点和场合类型。雪崩遇难类型可以分为以下四类。

雪崩表面遇难

雪崩结束时，有一类遇难人员会处于雪崩造成的雪堆表面。这通常分为两种情况，一是遇难者也许一直处于雪崩表面；二是曾经被埋，之后被雪崩翻到雪堆表面。总的来说，这类搜索目标还是比较明显的。

雪崩埋没遇难

雪崩发生后，很大一部分遇难者是被埋没在雪堆之下的。按照埋没的地点和卷入地点之间的关系，这类遇难也可以分为两类：一是埋没地点和卷入地点一致。因为受到雪崩的袭击，遇难者当时被埋，即卷入地点在哪里，遇难者就在哪里。二是埋没地点和卷入地点不一致。遇难者在卷入雪崩向下运动的过程中，在雪崩表面停留过，然后被埋。被埋之后，可能继续随着雪崩向下运动，所以最终雪崩导致的雪堆在哪里，遇难者就会被埋在哪里。

室内雪崩遇难

指雪崩时房屋部分被损坏、倒塌，导致遇难者被埋。一般来说，此种被埋者的幸存概率略高一些，因为部分倒塌的房屋下，被压者的脸部和胸部前常常会有一些空间。这就为其生命延续留下了很大的可能。同时，这类灾难的目标比较确定，搜索往往锁定在一定范围内，比较容易营救。

载体内部遇难

汽车或火车等交通工具在一定线路上运行时，如果遇上雪崩，就属于载体内部遇难。汽车或火车有时仍然留在路上，没有被雪流冲走，有时则会被卷入沟谷。

此类遇难，如果不是雪堆过高，将车辆完全埋没，搜寻起来还是比较简单的。但内部人员伤亡情况就不容乐观了，搜索到并不代表来得及营救。

1986年4月，国道217线新疆天山玉希莫尔盖山隘附近一辆军车被雪崩掩埋。当时，汽车仍然留在路上，所以很快被营救人员发现。但是，只有两名战士幸存，其余七名战士均牺牲。所以，一旦发现可能有多名受灾者的车辆目标，一定要第一时间营救，以最大限度挽救生命。

了解雪崩遇难类型，可以加快搜索目标的速度，也决定着救援的方式、方法、步骤。所以，这是山区工作者和登山、滑雪爱好者必须具备的知识。

5.搜寻雪崩遇难者的原则

如果目标比较明显，比如遇难者在雪崩表面遇难、室内遇难等，搜索工作则相对简单。这时所要做的就是快速找到遇难者，立即进行抢救和治疗。其他类型的遇难者，大多数则被埋在雪下，雪如果很深，雪下方位通常难以确定，搜索工作复杂且费时、费力。

根据长期的搜索营救经验，有关专家总结出以下雪崩遇难搜索原则。

（1）搜索遇难者衣物和装备露出的雪堆地区，这些地区最有可能发现遇难者。

（2）仔细观察和寻找雪崩前锋受阻地段。雪崩前锋的积雪可能会翻越受阻地段，形成新的前锋，而第一个雪崩受阻地段则会产生堆积，最容易把遇难者掩埋在这里。

（3）注意雪崩路径中的反坡地形，在这里雪崩遇到阻滞后会明显减速，很容易产生带状堆积，将遇难者掩埋在这里。

（4）如果搜索对象不明显，应当适当扩大搜索范围，兼顾雪崩路径内外，以雪崩路径为主，但路径外也不能忽略。有些遇难者会被雪崩气浪抛至路径以外，或者在雪崩侵袭前及时摆脱雪崩威胁，逃到路径以外，之后因为体力不支或者外伤原因被掩埋。

（5）着重搜索堆积前缘地带，遇难者被雪崩带至积雪堆积最深地区，是雪崩发生后最常出现的情况。

（6）不要放过雪崩路径中的基岩露头、树木灌丛、坡麓滚石和阶地陡坎地区，遇难者往往会被拦截或被埋在这里。

（7）搜索过程中要注意雪崩路径所有弯曲地段，雪崩往往在这里出现阻滞，并且减速产生堆积，最终将遇难者掩埋。

（8）如果遇难者有同伴，一定要非常认真地听取和询问详细信息，尤其是有关卷入雪崩和被埋地点方面的信息，以便尽快判断遇难者的方位，及时进行救援。

（9）搜索的原则要和遇难类型结合起来。室内遇难往往位于其下游地区或者房屋内部；载体内部遇难多位于其下游地区或路面。

（10）要灵活地把握搜索精度、速度和遇难者幸存率之间的关系。如果已经能确定遇难者幸存的希望不大，就可以适当提高搜索精度；如果遇难者获救的概率还很大，就一定要尽最大努力提高搜索速度，力争找到活着的遇难者。

综上所述，搜索雪崩遇难者总的原则是，以雪崩堆积地形和雪崩运动特征为基点。当然，如果情况比较特殊，一些经验丰富的搜索者可以不遵循此原则，根据自己的经验进行特殊搜索。但需要注意，改变原则的前提一定是情况非常特殊，用以前的经验已经无用，并且搜索人员经验非常丰富、对情况掌握非常熟悉。否则，不遵循原则的后果可能会导致更多遇难者失去生命。

6.哪些辅助工具可以帮助遇难者

雪崩发生后，搜救工作往往异常繁重和艰难，只靠人力很难将遇难者在最短的时间内救出。所以，很多工具被开发并运用到了搜救工作当中，如无线电收、发报机，探测棒和雪崩犬等。

无线电收、发报机

为了避免无线电台广播干扰，无线电收、发报机只接收和发射音频感应信号。这种装置电路简单，很少发生失灵的现象。

只要确保装置处于良好工作状态，遭遇雪崩被埋后，他人就可以根据信号发出位置搜索，最终找到被埋者。使用这种装置进行搜救，可以大大节省搜救时间。一般在遇难者能正常发出信号、搜救队的信号接收正常的情况下，搜救时间只需要7~22分钟。

探测棒

无线电收、发报机使用起来虽然比较快捷、准确，并且能够节省人力和物力，但是需要借用一定的外在条件。紧急情况下的应急救灾措施，则会受到限制。这时，探测棒就能派上用场。

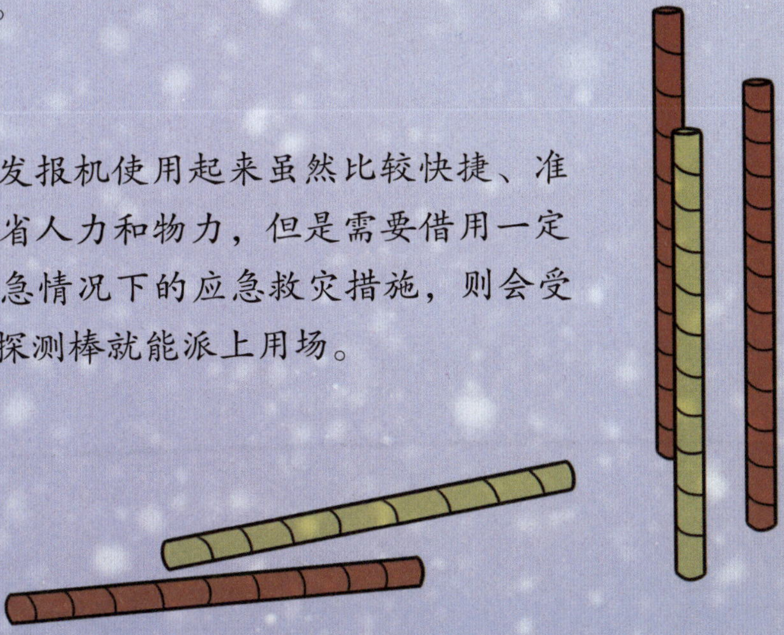

探测棒使用起来非常简单，并且能够就地取材，可谓十分方便。具体使用方法为：救援人员手握探测棒，一字排开，人数根据人力情况而定，以20人为宜。救援人员按照一定的间距隔开，队伍排头和排尾各站一人，共同拉着一根带有间距标志的探绳。救援人员沿着探绳作业，彼此之间保持探绳标定的距离。在专业人员指挥下，探查工作从山坡下部开始，由下往上逐步推进。每探完一步，探绳随之向前挪动一次。探测过程中，如果出现探测棒反弹，或者触及异物，就要把探测棒插在原地作为标记。接着请专人立刻挖开雪堆，检查是否有遇难者在下面。

雪崩犬

雪崩犬可以根据遇难者从雪下散发出来的汗水、呼吸、化妆品等气味，找到其被掩埋的具体位置。

现在，很多国家已经广泛使用雪崩犬搜索遇难者。不过，这种方法也并非没有弱点。因为每个人的气味类型都不相同，人被掩埋后体力消耗也可能会降低身上散发的气味。各人的身体和衣着清洁程度也会影响人的体味。所以，训练雪崩犬识别各种气味，还是具有一定难度的。

当然，一旦雪崩犬训练合格，投入使用，它们搜救遇难者的位置时往往比较准确。

以上都是行之有效的辅助工具，在雪崩搜索的时候根据实际情况携带合适的工具，会让搜救工作事半功倍。

7.抢救遇难者的方法和步骤

雪崩遇难者被发现时，如果没有死亡，生命体征常常会呈现以下特点：瞳孔放大、呼吸微弱或者停止，心脏跳动微弱甚至无跳动迹象，体温很低，血压下降，新陈代谢阻滞等。即便如此，依然不代表遇难者已经无法生还。这时，如果能够及时采取正确的抢救方法，将会大大增加遇难者的获救率。这时，营救人员应该立刻采取正确的方法进行抢救。

检查呼吸系统，清除异物

很多遇难者都存在呼吸系统被雪或其他异物堵塞的问题。挖掘遇难者时，当其头部已露出，就应立刻检查他的呼吸系统是否有积雪、血块或者呕吐物等，如果有一定要立刻清除，可以用橡皮管吸出咽喉中阻塞的液体或其他异物。

完全挖出遇难者以后，一般是将其平放在雪地上或者雪橇上。如果遇难者已经失去知觉，就要把他的头部放低，防止雪水、呕吐物等流入气管。

如果遇难者已经没有意识，就应该马上进行人工呼吸。具体方法是：先清理出口腔、气管中的异物，以防人工呼吸时异物进入气管。使其脸部朝上，颈部微微伸直，头部和上身平躺或微微向后倾。首先，要迅速、连续地进行10次人工呼吸，其中前几口吹气是至关重要的。然后再按每分钟10~12次的正常节奏进行。在海拔比较高、空气比较稀薄的地区，就需要进行较长时间的心肺人工呼吸，或

者口对口人工呼吸。

目前，国外出现了一种专门用于抢救的人工呼吸设备，有袋状自动充气人工呼吸器和袖珍氧气瓶。这种呼吸器富有弹性，能够保证适当的节奏，用以减轻人工呼吸的不足和过量。在救援期间，携带这种工具也是非常有必要的。

遇难者有什么样的反应说明救援成功了呢？如果人工呼吸后，遇难者出现吞咽、轻微动作、微弱呼吸等反应，那么说明人工呼吸起到了作用，遇难者有了复活的迹象。这时，还需要再次进行辅助性人工呼吸。等到遇难者嘴唇、舌头和手指上的颜色变成正常的浅粉色，表明呼吸和血液循环已经得到了改善。

另外，需要注意的是，不管在人工呼吸期间，还是遇难者恢复正常呼吸之后，呼吸道内一直都要插放一根橡皮管，以保持呼吸道的通畅。

采取措施帮助遇难者尽快恢复正常体温

如果遇难者被找到时呼吸正常，或者在经过人工呼吸后恢复了正常呼吸，这时候应该尽快恢复遇难者的体温。因为被埋在冰冷的雪中，遇难者的体温会比正常人低一些。营救者将遇难者挖出后，首先应该设法避免其体温进一步降低。比如，可以帮遇难者脱掉潮湿的衣服，擦干身体，换上干的衣物。如果条件允许，要将遇难者移入帐篷中，并用小火取暖。如果没有条件，至少也要将遇难者移到避风处。

如果遇难者尚有生命迹象，那么应该在简单进行救助之后，尽快将其送到附近的医院，使其能够得到进一步的护理和治疗。